高等学校规划教材

功能材料创新实验

宗 蒙 王 科 常宁辉 黄 英 主编

西北工业大学出版社

西 安

【内容简介】 本书从功能材料的制备方法、表征手段、性能测试等角度系统总结了作者近十年的研究成果,主要内容为电磁波吸收材料、锂离子电池负极材料、锂硫正极材料、超级电容器材料、其他功能材料、功能材料常用表征等方面的实验(共 25 项)。

本书可作为高等学校化学、材料等学科本科生的实验教材,也可供从事功能材料研究的科技工作者、研究生等阅读参考。

图书在版编目(CIP)数据

功能材料创新实验/宗蒙等主编. — 西安 ：西北工业大学出版社,2023.11

ISBN 978 - 7 - 5612 - 8731 - 6

Ⅰ.①功… Ⅱ.①宗… Ⅲ.①功能材料-实验 Ⅳ.①TB34 - 33

中国国家版本馆 CIP 数据核字(2023)第 200322 号

GONGNENG CAILIAO CHUANGXIN SHIYAN

功 能 材 料 创 新 实 验

宗蒙 王科 常宁辉 黄英 主编

责任编辑:胡莉巾	策划编辑:胡莉巾	
责任校对:王玉玲	装帧设计:李 飞	

出版发行：西北工业大学出版社

通信地址：西安市友谊西路 127 号 邮编:710072

电　　话：(029)88491757, 88493844

网　　址：www.nwpup.com

印　刷　者：西安五星印刷有限公司

开　　本：787 mm×1 092 mm　　1/16

印　　张：7.875

字　　数：197 千字

版　　次：2023 年 11 月第 1 版　　2023 年 11 月第 1 次印刷

书　　号：ISBN 978 - 7 - 5612 - 8731 - 6

定　　价：38.00 元

前　言

功能材料是指通过光、电、磁、热、声、化学、生化等作用后具有特定功能的材料,在很多行业和领域都具有重要的作用。我国将新材料科学列为 21 世纪重点发展的领域,而功能材料作为材料学与物理学、生命科学等其他学科的前沿交叉学科,更是优先发展的重点,国内有多所高等学校开设了功能材料本科专业。近年来,我国对从事功能材料的研究、生产与应用等方面工作的人才的需求量呈现不断增长的趋势。在功能材料的研究、开发和生产中,人们越来越注重采用新型化学合成与制备技术,以充分提高材料、产品或器件的性能,更好地满足实际应用的需要。因此,加强对学生在功能材料的化学合成与制备、表征与测试等方面的基本知识、基本能力和基本技能的培养和训练,是造就适应社会需要的合格人才的客观要求。

笔者从事功能材料研究已有十余年,主要研究内容包括电磁波吸收材料、电磁屏蔽材料、锂离子电池负极材料、钠离子电池负极材料、锂硫正极材料、超级电容器材料、电催化材料、金属基导热材料等,在功能材料的合成、制备、表征、测试方面积累了大量经验。编写本书时,从实验教学内容、教学方法和教学条件三个方面考虑,围绕实验设计、合成与制备、性能表征、结果分析展开,从中筛选整理出适合本科生开展的专业实验,旨在进一步充实、加深和强化学生对相关专业知识的认识和理解,使学生与时俱进,掌握功能材料合成与制备的方法、表征手段和性能测试方法,切实提高学生对基础理论、基本知识的实际运用能力。

本书内容主要包括电磁波吸收材料(实验 1 到实验 6)、锂离子电池负极材料(实验 7 到实验 11)、锂硫正极材料(实验 12 到实验 15)、超级电容器材料(实验 16 到实验 19)、其他功能材料(实验 20 和实验 21)、功能材料常用表征(实验 22 到实验 25)等方面实验,共 25 项。

书中部分缩写、复合材料所用连接符号(如"/"、"-"、"@")采用了原始文献中的写法。

本书由宗蒙、王科、常宁辉、黄英主编,具体编写分工如下:宗蒙编写了实验 1 到实验 6,宗蒙、王科编写了实验 7 到实验 15,宗蒙、黄英编写了实验 16 到实验 19,宗蒙、常宁辉编写了实验 22 到实验 25。

王明月、张娜、高小刚、赵肖肖、王佳明、刘旭东、杨毅文、贾全兴、张伟超等参与了部分内容的材料收集与整理工作,张宝亮教授对本书的编写出版给予了大力支持。本书的出版得到了西北工业大学 2022 年度学校教材建设项目和化学与化工学院的大力支持,谨在此一并表示感谢。

在编写本书的过程中,笔者曾参阅了功能材料方面的诸多文献、资料,在此谨向其作者深表谢意。

由于水平所限,书中难免存在疏漏和不足之处,敬请读者批评指正。

编　者

2023 年 3 月

目 录

实验 1　多比例 RGO/Fe₃O₄ 二元复合材料的制备及吸波性能测试

一、实验目的

（1）熟悉共沉淀法制备纳米颗粒的基本原理、进行的条件和基本操作，了解简化共沉淀法的反应原理。

（2）掌握磁性搅拌、磁性分离、产物洗涤、真空干燥等常用实验方法的原理和基本操作，加强实验动手能力。

（3）认识氧化石墨烯（Graphene Oxide，GO）和还原氧化石墨烯（Reduced Graphene Oxide，RGO），掌握 RGO/Fe₃O₄ 二元复合材料的制备原理、吸波机理，探究不同纳米颗粒负载量对吸波性能的影响。

（4）了解 X 射线衍射仪（X-Ray Diffraction，XRD）、振动样品磁强计（Vibrating Sample Magnetometer，VSM）、矢量网络分析仪（Vector Network Analyzer，VNA）的基本原理，掌握其使用方法。

（5）掌握利用 Origin 软件处理数据、分析数据和绘制数据图的方法。

二、实验内容

（1）根据摩尔比计算原料试剂质量，并准确称取试剂。

（2）通过简化共沉淀法，制备三种不同比例的 RGO/Fe₃O₄ 二元复合材料和两种对比材料。

（3）使用 XRD 对五种样品进行表征。

（4）使用 VSM 对五种样品的磁性能进行测试。

（5）使用 VNA，并采用同轴空气线测试方法，对五种样品的电磁参数进行测试。

（6）使用 Excel 软件和 Origin 软件分析数据，绘制 XRD 图、磁滞回线图、电磁参数图、吸波性能图，并对结果进行分析和讨论。

三、实验原理

1. 石墨烯

石墨烯（graphene）是一种新型的碳材料，是碳家族的新成员。石墨烯是由碳原子通过共价键以 sp² 杂化紧密排列成的六方蜂窝状单层二维晶体结构材料，单层石墨烯的厚度为 0.335 nm，是目前世界上最薄的材料。石墨烯可以视为构成富勒烯、碳纳米管或石墨等其他碳材料的基本单元,其结构如图1-1所示。自2004年Novoselov等首次通过机械剥离法制备出石墨烯以来,由零维的富勒烯、一维碳纳米管、二维石墨烯、三维石墨组成的碳家族材料得以齐备。

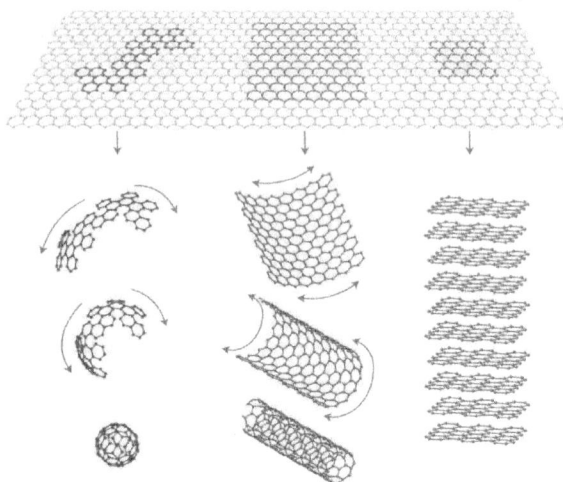

图1-1 石墨烯——构成富勒烯、碳纳米管和石墨的基本单元

化学氧化还原法,即氧化石墨烯再还原法,是目前制备石墨烯最为主要的方法,是自上而下的制备方法。其基本原理是,首先用强氧化剂将石墨氧化成氧化石墨,经超声或其他方法处理后,形成GO;用强还原剂对GO进行还原,得到RGO。目前使用较多的制备GO的方法是改进的Hummers方法。

2.反应原理

Fe_3O_4是最为常见的铁氧体之一,有关Fe_3O_4纳米颗粒修饰石墨烯的研究已多有报道。在通过共沉淀法制备石墨烯/Fe_3O_4复合材料的过程中,往往需要加入表面活性剂,并需要采用惰性气体对二价铁离子进行保护。如,Yang等以$FeCl_3 \cdot 6H_2O$和$FeSO_4 \cdot 7H_2O$为原料、氨水为沉淀剂、十二烷基苯磺酸钠(SDBS)为表面活性剂,将其加入到经氨丙基三乙氧基硅烷预处理过的石墨烯溶液中,采用共沉淀法制备出石墨烯/Fe_3O_4纳米复合材料。

在本实验中,以GO、Fe^{2+}、Fe^{3+}为原料,采用简化共沉淀法制备RGO/Fe_3O_4二元复合材料,无需使用惰性气体对反应中的Fe^{2+}进行保护,也无需加入表面活性剂。通过控制不同的原料投入比,可以制得不同比例的二元复合材料,进而考察组分比例对吸波性能的影响。

本实验反应原理如下:通过Hummers方法制得的GO表面含有丰富的含氧官能团,如羧基、羟基、环氧基团等。Fe^{2+}、Fe^{3+}等金属阳离子被加到GO水溶液后,可通过与含氧基团的静电引力作用吸附在GO表面,因共沉淀反应时没有采用惰性气体进行保护,所以部分Fe^{2+}被溶液中的氧气和GO氧化转化为Fe^{3+}。在碱性条件下,Fe_3O_4纳米颗粒在GO表面结晶生成。随后,GO/Fe_3O_4被$NaBH_4$还原为RGO/Fe_3O_4,反应方程式如下:

$$Fe^{2+} \xrightarrow{O_2, GO} Fe^{3+}$$

(1-1)

$$2Fe^{3+} + Fe^{2+} + 8OH^- + GO \xrightarrow{80\,^\circ\mathrm{C},\,2\,h} GO/Fe_3O_4 + 4H_2O \tag{1-2}$$

$$GO/Fe_3O_4 \xrightarrow{NaBH_4,\,80\,^\circ\mathrm{C},\,1\,h} RGO/Fe_3O_4 \tag{1-3}$$

3. RGO/Fe₃O₄ 二元复合材料吸波机理

RGO/Fe₃O₄ 二元复合材料具有优异的吸波性能,主要可以归因于两个关键因素,即阻抗匹配和电磁波衰减。其吸波机理如图 1-2 所示。一方面,石墨烯主要引发介电损耗,四氧化三铁纳米颗粒主要引发磁损耗;另一方面,四氧化三铁纳米颗粒负载在石墨烯表面可以有效降低石墨烯的介电常数。若二者达到较为理想的阻抗匹配,则使入射电磁波尽可能多地进入吸收剂内部。进入吸收剂内部的电磁波,由于介电损耗和磁损耗的作用被衰减。RGO/Fe₃O₄ 复合材料的介电损耗和磁损耗主要引发机理包括:石墨烯的纳米片层结构、高的比表面积和良好的导电性能、表面电子受到电磁波激发而引发的电子跃迁、石墨烯与 Fe₃O₄ 纳米颗粒之间形成界面引发的界面极化、石墨烯表面残余官能团产生的极化、四氧化三铁纳米颗粒表面偶极子引发的偶极子极化、自然共振引发的磁损耗、涡流引发的磁损耗等。

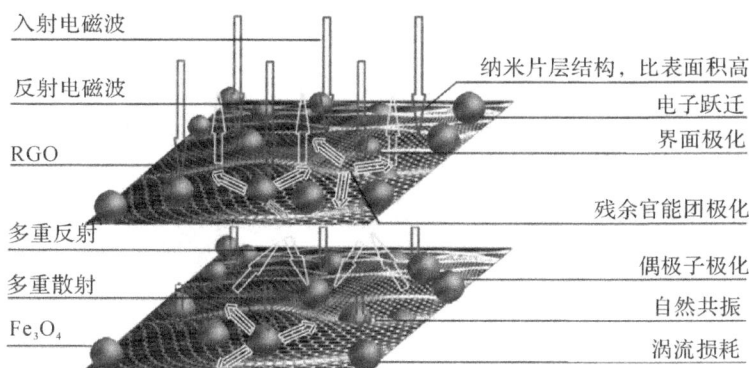

图 1-2　RGO/Fe₃O₄ 二元复合材料的吸波机理图

四、仪器与试剂

1. 实验仪器及设备

恒温电热鼓风干燥箱,电子分析天平,超声波清洗机,磁力搅拌器,强磁铁,真空干燥箱,玛瑙研钵,XRD,VSM,VNA。

2. 试剂及材料

由改进的 Hummers 方法制得的 GO,六水合氯化铁($FeCl_3 \cdot 6H_2O$),四水合氯化亚铁($FeCl_2 \cdot 4H_2O$),氢氧化钠(NaOH),硼氢化钠($NaBH_4$),超纯水,无水乙醇。

五、实验步骤

(1)称取一定质量的 GO 并分散到 150 mL 超纯水中,超声分散,获得 GO 水溶液。

(2)称取 88 mg $FeCl_3 \cdot 6H_2O$ 和 65 mg $FeCl_2 \cdot 4H_2O$ 并溶于 50 mL 超纯水中,待完全溶解后将其加到 GO 水溶液中。

（3）搅拌均匀后，向混合溶液中滴加浓度为 1 mol·L^{-1} 的 NaOH 水溶液直至 pH＝11，在 80 ℃水浴条件下持续搅拌 2 h，可得到 GO/Fe$_3$O$_4$ 的溶液。

（4）向上述 GO/Fe$_3$O$_4$ 的溶液体系中快速加入一定量新配制的 NaBH$_4$ 水溶液，反应在 80 ℃水浴条件下继续进行 1～2 h，以保证 GO 被充分还原。

（5）黑色产物通过磁性分离的方法分离，采用超纯水和无水乙醇交替洗涤产物数次。

（6）在 60 ℃真空环境中干燥，干燥后使用玛瑙研钵充分研磨，得到粉体样品。

（7）使用 XRD 对五种样品的晶体结构进行表征。

（8）使用 VSM 对五种样品的磁性能进行测试。

（9）按照要求，将样品以一定质量比例与石蜡混合，通过模具压制成测试环（测试环尺寸：外径 7 mm、内径 3 mm、高度 2～5 mm），使用 VNA，采用同轴空气线测试方法，分别对所有样品的吸波性能进行测试。

（10）加入 GO 的质量为 100 mg、50 mg、25 mg、0 mg（对照组），还原剂 NaBH$_4$ 的使用质量始终为 GO 质量的 6 倍，分别得到四组产物，将其命名为 RGO/Fe$_3$O$_4$-1、RGO/Fe$_3$O$_4$-2、RGO/Fe$_3$O$_4$-3、Fe$_3$O$_4$。在上述制备过程中，不加入 Fe^{2+}、Fe^{3+} 和 NaOH，可以得到 RGO（对照组）。

六、结果分析与讨论

（1）使用 Origin 软件绘制 XRD 图谱，对样品晶型结构进行分析。

（2）使用 Origin 软件绘制磁滞回线，对磁性能进行分析。

（3）利用 Origin 软件对电磁参数、吸波性能进行处理数据，分析数据，绘制数据图，撰写实验报告。

七、操作要点及注意事项

（1）由于 GO 粉末溶于超纯水制备 GO 水溶液的方法超声分散时间较长，可以由教师提前准备。

（2）必须使用新配置的 NaBH$_4$ 水溶液进行还原反应。

（3）RGO 样品无法使用磁性分离方法进行分离，可以采用离心分离或者过滤分离的方法进行分离和洗涤。

八、思考题

（1）称取 FeCl$_3$·6H$_2$O 和 FeCl$_2$·4H$_2$O 的摩尔比是多少？为什么这么设置？

（2）样品洗涤时，可以采用的分离方法一般有哪几种？本实验不同的样品可以分别采用哪些分离方法？

（3）如何理解氧化石墨烯的还原？

九、相关阅读

[1] STANKOVICH S，DIKIN D，DOMMETT G，et al. Graphene-based composite materials[J]. Nature，2006，442：282-286.

[2] ZHANG H，XIE A，WANG C，et al. Novel rGO/α – Fe$_2$O$_3$ composite hydrogel：synthesis，characterization and high performance of electromagnetic wave absorption[J]. Journal of Materials Chemistry A，2013，1(30)：8547 – 8552.

[3] YANG Y，QI S，WANG J. Characterization of a microwave absorbent prepared by coprecipitation reaction of iron oxide on the surface of graphite nanosheet[J]. Materials Science and Engineering：B，2012，177(20)：1734 – 1740.

参 考 文 献

[1] 宗蒙. 两类纳米颗粒共修饰石墨烯复合材料的制备及其吸波性能研究[D]. 西安：西北工业大学，2017.

[2] ZONG M，HUANG Y，ZHAO Y，et al. Facile preparation，high microwave absorption and microwave absorbing mechanism of RGO-Fe$_3$O$_4$ composites[J]. RSC Advances，2013，3：23638 – 23648.

实验 2 RGO – $Ni_{0.5}Zn_{0.5}Fe_2O_4$ 二元复合材料的制备及吸波性能测试

一、实验目的

(1)了解水热法制备 $Ni_{0.5}Zn_{0.5}Fe_2O_4$ 纳米颗粒的原理和实验操作。

(2)掌握磁性分离、产物洗涤、真空干燥等常用实验方法的原理和基本操作,加强实验动手能力。

(3)掌握共混法制备 RGO – $Ni_{0.5}Zn_{0.5}Fe_2O_4$ 二元复合材料的原理。

(4)了解 XRD、VNA 的基本原理,掌握其使用方法。

(5)掌握利用 Excel 软件和 Origin 软件处理数据、分析数据和绘制数据图的方法。

二、实验内容

(1)通过水热法制备 $Ni_{0.5}Zn_{0.5}Fe_2O_4$ 纳米颗粒。

(2)通过共混法制备 RGO – $Ni_{0.5}Zn_{0.5}Fe_2O_4$ 二元复合材料。

(3)使用 XRD 对粉末样品进行表征。

(4)使用 VNA,并采用同轴空气线测试方法,对粉末样品的电磁参数进行测试。

(5)使用 Excel 软件和 Origin 软件分析数据,绘制 XRD 图、电磁参数图、吸波性能图,并对结果进行分析和讨论。

三、实验原理

以化学氧化还原法制得的 GO 表面含有丰富的含氧官能团,这为石墨烯复合材料的制备奠定了很好的基础。大多数研究者往往利用氧化石墨烯表面含氧基团的负电特性,通过静电吸引作用制备石墨烯复合材。

铁氧体纳米颗粒与石墨烯的结合形式会影响石墨烯片层的大 π 键,进而影响石墨烯的导电性能,同时也会影响纳米颗粒的负载量。本实验中,在水热法制备 $Ni_{0.5}Zn_{0.5}Fe_2O_4$ 纳米颗粒的基础上,采用共混法制备 RGO – $Ni_{0.5}Zn_{0.5}Fe_2O_4$ 二元复合材料,此时磁性纳米颗粒和石墨烯之间的结合形式以分子间作用力为主。

四、仪器与试剂

1. 实验仪器及设备

恒温电热鼓风干燥箱,电子分析天平,超声波清洗机,水热釜,磁力搅拌器,强磁铁,真空干燥箱,玛瑙研钵,XRD,VNA。

2.试剂及材料

六水合硝酸镍[Ni(NO$_3$)$_2$·6H$_2$O],六水合硝酸锌[Zn(NO$_3$)$_2$·6H$_2$O],九水合硝酸铁[Fe(NO$_3$)$_3$·9H$_2$O],氢氧化钠(NaOH),由改进的 Hummers 方法制得的 GO,硼氢化钠(NaBH$_4$),水合肼(N$_2$H$_4$·H$_2$O),超纯水,无水乙醇。

五、实验步骤

以 Ni^{2+}、Zn^{2+}、Fe^{3+}为原料,通过水热法制得 Ni$_{0.5}$Zn$_{0.5}$Fe$_2$O$_4$磁性纳米颗粒;随后将纳米颗粒与氧化石墨烯溶液共混,以硼氢化钠为还原剂,制得 RGO – Ni$_{0.5}$Zn$_{0.5}$Fe$_2$O$_4$二元复合材料。

1. Ni$_{0.5}$Zn$_{0.5}$Fe$_2$O$_4$纳米颗粒的制备

(1)称取 0.31 g Ni(NO$_3$)$_2$·6H$_2$O、0.31 g Zn(NO$_3$)$_2$·6H$_2$O 和 1.71 g Fe(NO$_3$)$_3$·9H$_2$O(Ni^{2+}、Zn^{2+}和 Fe^{3+}的摩尔比为 0.5∶0.5∶2)并溶于 150 mL 超纯水中,将溶液搅拌 30 min。

(2)向混合溶液中滴加浓度为 1 mol·L^{-1}的 NaOH 水溶液直至 pH=11,持续搅拌 20 min,得到前驱体溶液。

(3)将上述前驱体溶液密封在 200 mL 聚四氟乙烯内衬高压水热釜内,在 180 ℃下保持 10 h。

(4)待高压釜温度自然冷却到室温,将黑色产物通过磁性分离的方法分离,采用超纯水和无水乙醇交替洗涤产物数次。

(5)在 60 ℃真空环境中干燥 24 h,干燥后使用玛瑙研钵充分研磨得到粉体样品,即可制得 Ni$_{0.5}$Zn$_{0.5}$Fe$_2$O$_4$纳米颗粒。

2. RGO – Ni$_{0.5}$Zn$_{0.5}$Fe$_2$O$_4$的制备

(1)称取 100 mg GO 并超声分散在 300 mL 超纯水中。

(2)称取 300 mg Ni$_{0.5}$Zn$_{0.5}$Fe$_2$O$_4$纳米颗粒并加入 GO 分散液中,持续搅拌 1 h。

(3)向上述溶液体系中快速加入过量新配制的 NaBH$_4$水溶液,反应在 80 ℃水浴条件下继续进行 2 h,以保证 GO 被充分还原。

(4)自然冷却到室温,黑色产物通过磁性分离的方法分离,采用超纯水和无水乙醇交替洗涤产物数次。

(5)在 60 ℃真空环境中干燥 24 h,干燥后使用玛瑙研钵充分研磨,得到粉体样品。

制备过程中不加入 Ni$_{0.5}$Zn$_{0.5}$Fe$_2$O$_4$,可以得到硼氢化钠还原的 RGO。

3.表征与性能测试

(1)使用 XRD 对 Ni$_{0.5}$Zn$_{0.5}$Fe$_2$O$_4$纳米颗粒、RGO – Ni$_{0.5}$Zn$_{0.5}$Fe$_2$O$_4$、RGO 的晶体结构进行表征。

(2)按照要求,将 Ni$_{0.5}$Zn$_{0.5}$Fe$_2$O$_4$纳米颗粒、RGO – Ni$_{0.5}$Zn$_{0.5}$Fe$_2$O$_4$样品分别以一定质量比例与石蜡混合,通过模具压制成测试环(测试环尺寸:外径 7 mm,内径 3 mm,高度 2~5 mm),使用 VNA,并采用同轴空气线测试方法,分别对 Ni$_{0.5}$Zn$_{0.5}$Fe$_2$O$_4$纳米颗粒、RGO – Ni$_{0.5}$Zn$_{0.5}$Fe$_2$O$_4$的吸波性能进行测试。

六、结果分析与讨论

（1）使用 Origin 软件绘制 XRD 图谱，对样品晶型结构进行数据处理和分析。

（2）利用 Origin 软件对 $Ni_{0.5}Zn_{0.5}Fe_2O_4$ 纳米颗粒、$RGO-Ni_{0.5}Zn_{0.5}Fe_2O_4$ 二元复合材料两种样品的电磁参数、吸波性能数据进行处理和分析，绘制数据图，撰写实验报告。

七、操作要点及注意事项

（1）必须使用新配置的 $NaBH_4$ 水溶液进行还原反应。

（2）对比样——RGO 样品无法使用磁性分离方法进行分离和洗涤，可以更改为用离心或者过滤方法进行分离和洗涤。

八、思考题

（1）共混法、一步水热法制备石墨烯二元复合材料，会在哪些方面产生差异？在电磁参数上有什么表现？

（2）水热反应时间对 $Ni_{0.5}Zn_{0.5}Fe_2O_4$ 纳米颗粒的大小有什么影响？

九、相关阅读

［1］丁晓. 石墨烯-磁性合金纳米颗粒多元复合材料的制备及其微波吸收特性研究［D］. 西安：西北工业大学，2016.

［2］HU C，MOU Z，LU G，et al. 3D graphene - Fe_3O_4 nanocomposites with high - performance microwave absorption［J］. Physical Chemistry Chemical Physics，2013，15（31）：13038 - 13043.

［3］GU X，ZHU W，JIA C，et al. Synthesis and microwave absorbing properties of highly ordered mesoporous crystalline $NiFe_2O_4$［J］. Chemical Communication，2011，47（18）：5337 - 5339.

［4］YANG Y，XU C，XIA Y，et al. Synthesis and microwave absorption properties of FeCo nanoplates［J］. Journal of Alloys and Compounds，2010，493（1）：549 - 552.

参 考 文 献

［1］宗蒙. 两类纳米颗粒共修饰石墨烯复合材料的制备及其吸波性能研究［D］. 西安：西北工业大学，2017.

［2］ZONG M，HUANG Y，ZHANG N，et al. Reduced graphene oxide - $Ni_{0.5}Zn_{0.5}Fe_2O_4$ composite：synthesis and electromagnetic absorption properties［J］. Materials Letters，2015，145：115 - 119.

实验 3　多比例及不同还原程度 RGO/CoFe$_2$O$_4$ 复合吸波材料的制备

一、实验目的

（1）了解水热法的反应原理，熟悉水热法制备石墨烯二元复合材料的基本原理、进行的条件和基本操作。

（2）掌握磁性分离、产物洗涤、真空干燥等常用实验方法的原理和基本操作，加强实验动手能力。

（3）掌握 RGO/CoFe$_2$O$_4$ 二元复合材料的制备原理、吸波机理，探究不同纳米颗粒负载量、不同石墨烯还原程度对 RGO/CoFe$_2$O$_4$ 二元复合材料吸波性能的影响。

（4）了解 XRD、VNA 的基本原理，掌握其使用方法。

（5）掌握利用 Excel 软件和 Origin 软件处理数据、分析数据和绘制数据图的方法。

二、实验内容

（1）根据摩尔比计算原料试剂质量，并准确称取试剂。

（2）通过一步水热法制备不同比例的 RGO/CoFe$_2$O$_4$ 二元复合材料和两种对比材料，即 RGO、CoFe$_2$O$_4$。

（3）用硼氢化钠、水合肼等化学还原剂对 RGO/CoFe$_2$O$_4$ 二元复合材料进行二次还原以改变石墨烯的还原程度，并将其与水热环境还原产物进行对比，研究石墨烯还原程度对石墨烯基复合材料的影响。

（4）使用 XRD 对制得的多组粉末样品进行表征。

（5）使用 VNA，采用同轴空气线测试方法，测试多组粉末样品的电磁参数。

（6）使用 Excel 软件和 Origin 软件分析数据，绘制 XRD 图、电磁参数图、吸波性能图，并对结果进行分析和讨论。

三、实验原理

1. 复合吸波材料的设计思路

铁氧体纳米颗粒具有优秀的稳定性能，其在高温和湿润条件下抗氧化性能均强于 Fe$_3$O$_4$ 纳米颗粒。因此，国内外研究者对铁氧体（MeFe$_2$O$_4$，Me 代表 Co、Ni、Zn、Ni$_x$Zn$_{1-x}$、Mn 等）纳米颗粒/石墨烯复合材料的形貌、尺寸、分布和负载量等进行了大量研究。

以由改进的 Hummers 法制得的 GO 为原料，GO 表面含有丰富的含氧官能团，为进一步制备石墨烯基复合材料提供了更多的可能性。同时，需要选择还原方法或化学还原剂对 GO 进行还原以得到最终的石墨烯复合材料。石墨烯还原方法较多，常用的还原剂也种类繁多，选择不同还原方法以及不同的还原剂，将对于石墨烯的还原程度产生很大的影响，这些影响表现在石墨烯表面大 π 键的修复程度、电导率和电阻率、残余基团和缺陷的数量方面，这些因素都会进一步影响石墨烯复合材料的介电常数，进而影响复合材料的吸波性能。

2. 反应原理

采用一步水热法制备 $RGO/CoFe_2O_4$ 二元复合材料。该方法利用水热环境对 GO 进行还原，无需使用化学还原剂，是一种绿色环保的还原方法，且 GO 的还原和纳米钴铁氧体颗粒的生成均发生在同一水热环境中。

Co^{2+}、Fe^{3+} 等金属阳离子加到 GO 水溶液后，可通过与含氧基团的静电引力作用吸附在 GO 表面。在碱性和水热条件下，$CoFe_2O_4$ 纳米颗粒在 GO 表面结晶生成的同时，GO 被水热环境弱还原，得到 $RGO/CoFe_2O_4$，反应方程式如下：

$$Co^{2+} + 2OH^- \longrightarrow Co(OH)_2 \tag{3-1}$$

$$Fe^{3+} + 3OH^- \longrightarrow Fe(OH)_3 \tag{3-2}$$

$$GO + Co(OH)_2 + 2Fe(OH)_3 \xrightarrow{\text{水热法}} RGO/CoFe_2O_4 + 4H_2O \tag{3-3}$$

为了更好地研究复合材料的吸波机理，制得吸波性能更为优异的复合材料，可以从两方面对二元复合材料进行调节。一方面，通过控制不同的原料投入比制得不同比例的 $RGO/CoFe_2O_4$ 二元复合材料，研究石墨烯与铁氧体比例对二元复合材料吸波性能的影响；另一方面，以硼氢化钠、水合肼等化学还原剂对 $RGO/CoFe_2O_4$ 二元复合材料进行二次还原以改变石墨烯的还原程度，并与水热环境还原产物进行对比，研究石墨烯还原程度对石墨烯基复合材料的吸波性能影响。

3. $RGO/CoFe_2O_4$ 二元复合材料吸波机理

$RGO/CoFe_2O_4$ 二元复合材料表现出优异的吸波性能，其吸波机理与 RGO/Fe_3O_4 二元复合材料的吸波机理较为相似。这主要可以归因于两个关键因素，即阻抗匹配和电磁波衰减。其吸波机理如图 3-1 所示。本实验中，采用水热环境还原的石墨烯，以及对 $RGO/CoFe_2O_4$ 复合材料进行二次还原，调节石墨烯还原程度，可以改变石墨烯微观结构、导电性能、残余基团种类和数量、表面缺陷的位置和数量，同样可以起到调节 $RGO/CoFe_2O_4$ 二元复合材料吸波性能的作用。

四、仪器与试剂

1. 实验仪器及设备

恒温电热鼓风干燥箱，电子分析天平，超声波清洗机，水热釜，磁力搅拌器，强磁铁，真空干燥箱，玛瑙研钵，XRD，VNA。

2. 试剂及材料

改进的 Hummers 方法制得的 GO，六水合硝酸钴 $[Co(NO_3)_2 \cdot 6H_2O]$，九水合硝酸铁 $[Fe(NO_3)_3 \cdot 9H_2O]$，氢氧化钠（NaOH），硼氢化钠（$NaBH_4$），水合肼（$N_2H_4 \cdot H_2O$），超纯水，无水乙醇。

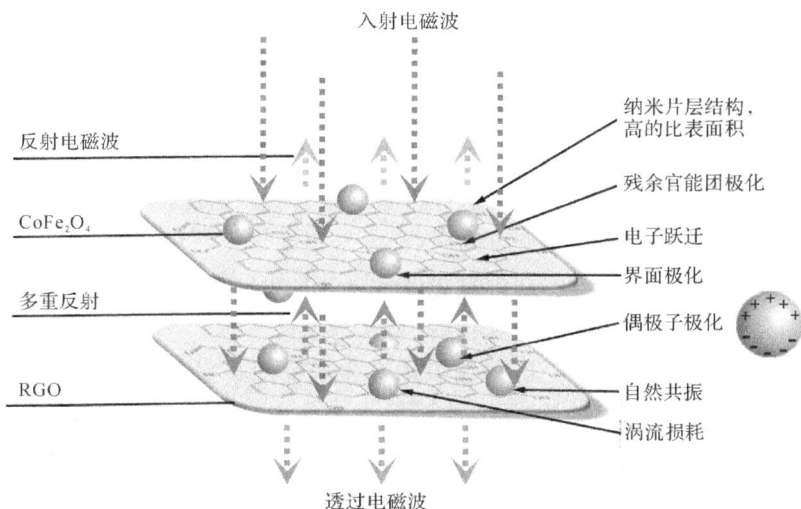

图 3-1　RGO/CoFe$_2$O$_4$ 复合材料的吸波机理图

五、实验步骤

以 GO、Co^{2+}、Fe^{3+} 为原料,通过一步水热法制备 RGO/CoFe$_2$O$_4$ 二元复合材料;通过控制不同的原料投入比制得不同比例的二元复合材料;采用硼氢化钠、水合肼等化学还原剂对 RGO/CoFe$_2$O$_4$ 二元复合材料进行二次还原以改变石墨烯的还原程度。制备方案如图 3-2 所示。

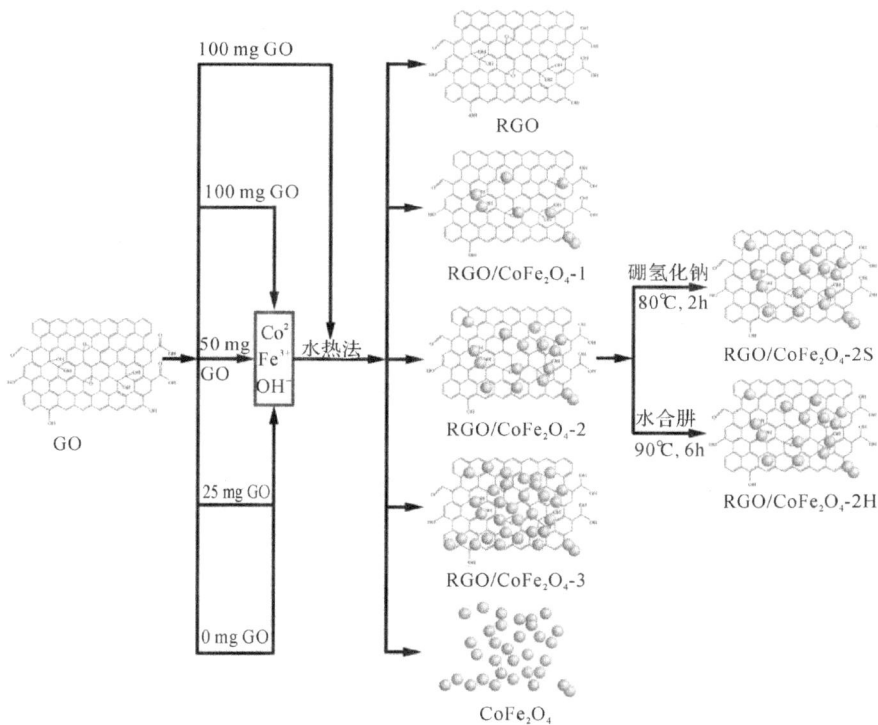

图 3-2　RGO、CoFe$_2$O$_4$ 纳米颗粒和 RGO/CoFe$_2$O$_4$ 二元复合材料的制备方案

1. 不同比例 $RGO/CoFe_2O_4$ 的制备

(1)称取一定质量的 GO 分散到 150 mL 超纯水中,超声分散,获得 GO 水溶液。

(2)称取 62 mg $Co(NO_3)_2 \cdot 6H_2O$ 和 171 mg $Fe(NO_3)_3 \cdot 9H_2O$,并加到 GO 悬浮液中,将溶液搅拌 30 min,超声处理 30 min。

(3)向混合溶液中滴加浓度为 1 mol·L^{-1} 的 NaOH 水溶液直至 pH=11,持续搅拌 20 min,得到前驱体溶液。

(4)将前驱体溶液密封在 200 mL 聚四氟乙烯内衬高压水热釜内,在 180 ℃下保持 10 h。

(5)待高压釜温度自然冷却到室温,通过磁性分离的方法分离黑色产物,采用超纯水和无水乙醇交替洗涤产物数次。

(6)在 60 ℃真空环境中干燥 24 h,干燥后使用玛瑙研钵充分研磨得到粉体样品。

在上述实验中,GO 的加入质量分别为 100 mg、50 mg、25 mg、0 mg(对照组),得到的四组产物分别命名为 $RGO/CoFe_2O_4$-1、$RGO/CoFe_2O_4$-2、$RGO/CoFe_2O_4$-3、$CoFe_2O_4$。在上述制备过程中,不加入 Co^{2+}、Fe^{3+},可以得到水热还原 RGO。

2. $RGO/CoFe_2O_4$-2S 的制备

(1)将制得的 $RGO/CoFe_2O_4$-2 重新分散于 150 mL 超纯水中,超声处理 1 h。

(2)向上述溶液体系中快速加入过量新配制的 $NaBH_4$ 水溶液,使反应在 80 ℃水浴条件下继续进行 2 h,以保证 GO 被充分还原。

(3)自然冷却到室温,通过磁性分离的方法分离黑色产物,采用超纯水和无水乙醇交替洗涤产物数次。

(4)在 60 ℃真空环境中干燥 24 h,干燥后使用玛瑙研钵充分研磨得到粉体样品。

3. $RGO/CoFe_2O_4$-2H 的制备

(1)将制得的 $RGO/CoFe_2O_4$-2 重新分散于 150 mL 超纯水中,超声处理 1 h。

(2)快速加入过量水合肼($N_2H_4 \cdot H_2O$),使反应在 90 ℃水浴条件下继续进行 6 h,以保证 GO 被充分还原。

(3)自然冷却到室温,通过磁性分离的方法分离黑色产物,采用超纯水和无水乙醇交替洗涤产物数次。

(4)在 60 ℃真空环境中干燥 24 h,干燥后使用玛瑙研钵充分研磨得到粉体样品。

4. 表征与性能测试

(1)使用 XRD 对 $RGO/CoFe_2O_4$-1、$RGO/CoFe_2O_4$-2、$RGO/CoFe_2O_4$-3、$CoFe_2O_4$、RGO、$RGO/CoFe_2O_4$-2S、$RGO/CoFe_2O_4$-2H 七种粉末样品的晶体结构进行表征。

(2)按照要求,将七种粉末样品分别以一定的质量比与石蜡混合,再通过模具压制成测试环(测试环尺寸:外径 7 mm,内径 3 mm,高度 2~5 mm),使用 VNA,并采用同轴空气线测试方法,对七种粉末样品的吸波性能进行测试。

六、结果分析与讨论

(1)使用 Origin 软件绘制 XRD 图谱,对样品晶型结构进行数据处理和分析。

(2)利用 Origin 软件对不同比例(含对比样品)的四种样品(即 $RGO/CoFe_2O_4$-1、

RGO/CoFe$_2$O$_4$ - 2、RGO/CoFe$_2$O$_4$ - 3、CoFe$_2$O$_4$)的电磁参数、吸波性能数据进行处理和分析,绘制数据图,得到比例对 RGO/CoFe$_2$O$_4$二元复合材料吸波性能的影响规律。

(3)利用 Origin 软件对 RGO/CoFe$_2$O$_4$ - 2、RGO/CoFe$_2$O$_4$ - 2S、RGO/CoFe$_2$O$_4$ - 2H 三种样品的电磁参数、吸波性能数据进行处理和分析,绘制数据图,研究石墨烯还原程度对 RGO/CoFe$_2$O$_4$二元复合材料吸波性能的影响规律,撰写实验报告。

七、操作要点及注意事项

(1)由改进的 Hummers 方法制得的 GO 的超纯水溶液,超声分散时间较长,可以由教师提前准备。

(2)必须使用新配置的 NaBH$_4$水溶液进行还原反应。

(3)RGO 对比样无法使用磁性分离方法进行分离和洗涤,可以更改为用离心或者过滤方法进行分离和洗涤。

八、思考题

(1)石墨烯片层上负载 CoFe$_2$O$_4$纳米颗粒的多少,对二元复合材料的吸波性能会产生什么样的影响? 在电磁参数上有什么表现?

(2)样品洗涤时,可以采用的分离方法一般有哪几种? 本实验不同的样品可以分别采用哪些分离方法?

(3)如何理解 GO 的还原? 除了我们引入的硼氢化钠和水合肼,还有哪些还原剂可以引入本实验的体系中? 为什么?

九、相关阅读

[1] LI W, WANG L, LI G, et al. Hollow CoFe$_2$O$_4$ - Co$_3$Fe$_7$ microspheres applied in electromagnetic absorption[J]. Journal of Magnetism and Magnetic Materials, 2015, 377: 259 - 266.

[2] LI G, WANG L, XU Y. Templated synthesis of highly ordered mesoporous cobalt ferrite and its microwave absorption properties[J]. Chinese Physics B, 2014, 23(8): 088105.

[3] YANG Z, WAN Y, XIONG G, et al. Facile synthesis of ZnFe$_2$O$_4$/reduced graphene oxide nanohybrids for enhanced microwave absorption properties[J]. Materials Research Bulletin, 2015, 61: 292 - 297.

参 考 文 献

[1] 宗蒙. 两类纳米颗粒共修饰石墨烯复合材料的制备及其吸波性能研究[D]. 西安:西北工业大学, 2017.

[2] ZONG M, HUANG Y, ZHANG N, et al. Influence of (RGO)/(ferrite) ratios and graphene reduction degree on microwave absorption properties of graphene composites [J]. Journal of Alloys and Compounds, 2015, 644: 491 - 501.

实验 4 RGO – CONH – CoFe₂O₄ 纳米复合吸波材料的制备

一、实验目的

（1）掌握 RGO – CONH – CoFe₂O₄ 纳米复合材料制备中共沉淀法、氨基功能化、酯基功能化及酰胺化法的基本原理、进行的条件和基本操作，了解整个过程的反应原理。

（2）掌握超声处理、磁力搅拌、磁性分离、离心洗涤、真空干燥等常用实验方法的原理和基本操作，加强实验动手能力。

（3）了解 RGO – CONH – CoFe₂O₄ 纳米复合材料的吸波机理，探究共价键和非共价键对吸波性能的影响。

（4）了解 XRD、VSM、VNA 的基本原理，掌握其使用方法。

（5）掌握利用 Excel 软件和 Origin 软件处理数据、分析数据和绘制数据图的方法。

二、实验内容

（1）根据摩尔比计算原料试剂质量，并准确称取试剂。

（2）首先通过简化共沉淀法制备 CoFe₂O₄ 纳米粒子，对其进行氨基功能化，同时对 GO 进行酯基功能化，然后利用两者，通过酰胺化反应得到 RGO – CONH – CoFe₂O₄ 纳米复合材料，最后制备非共价键键合的 CoFe₂O₄/RGO 材料（作为对比材料）。

（3）使用 XRD 对制备样品进行表征。

（4）使用 VSM 对制备样品的磁性能进行测试。

（5）使用 VNA，并采用同轴空气线测试方法，对制备样品的吸波性能进行测试。

（6）使用 Excel 软件和 Origin 软件分析数据，绘制 XRD 图、磁滞回线图、电磁参数图、吸波性能图，并对结果进行分析和讨论。

三、实验原理

1. 基于共价键构建石墨烯基吸波材料

石墨烯由于具有大的比表面积、高的热稳定性和抗氧化性、独特的热传导性、低的密度和强的电子迁移率而表现出优异的吸波性能。近年来，其研究方向主要是通过静电吸附等作用使铁氧体纳米材料负载到石墨烯上，但没有充分、有效地利用氧化石墨烯表面的含氧基团（见图 4 – 1），因此石墨烯–铁氧体纳米复合材料的成键方式对其电磁波吸收性能的影响机理尚未被明确描述。材料的电磁参数是评价吸波效率与材料微观结构关系和设计新型吸波材料的关键因素之一。共价键作为铁氧体与石墨烯之间稳定的载流子通道,可以提升电子在两者之间的迁移速率,提高铁氧体与石墨烯基体的结合度,改善界面相互作用,促进界面极化,并使材料的电磁参数发生变化,进而影响材料的吸波性能。因此,基于共价键的石墨烯-铁氧体纳米复合材料的研究将具有重要的理论意义和实际应用价值。

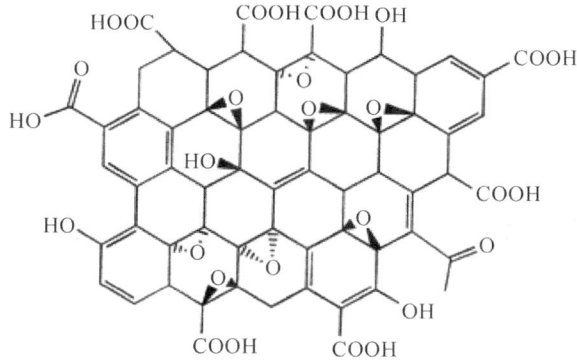

图 4-1　氧化石墨烯表面含氧官能团示意图

2.反应原理

近年来,国内外学者围绕铁氧体-石墨烯类复合吸波材料开展了大量研究,其中大部分工作集中在通过非共价键、尺寸和形貌等调控吸波性能方面。本实验从分子的角度,通过共价键键合的方式制备新型石墨烯电磁吸波材料。在本实验中,以 GO、Co^{2+}、Fe^{3+}、3-氨丙基三乙氧基硅烷(APTES)、1-(3-二甲胺基丙基)-3-乙基碳二亚胺盐酸盐(EDC)、N-羟基琥珀酰亚胺(NHS)等为原料,采用简化共沉淀法和酰胺化法制备 RGO－CONH－CoFe₂O₄纳米复合材料。通过控制不同的原料投入制得共价键和非共价键键合的二元纳米复合材料,考察两种键合方式对吸波性能的影响。本实验的具体反应过程如图 4-2 所示。

本实验的反应原理如下:CoFe₂O₄纳米粒子具有大的比表面积,暴露在表面的 Co、Fe 和 O 原子分散在溶剂中时会吸附 OH^- 形成 CoFe₂O₄-OH^-,再通过与 3-氨丙基三乙氧基硅烷(APTES)进行偶联反应引入氨基,可得到表面官能团活性更高的氨基化 CoFe₂O₄。GO 在缩合剂 1-(3-二甲氨基丙基)-3-乙基碳二亚胺盐酸盐(EDC)的存在下,和 NHS 发生酯化反应生成酯基功能化的 GO。通过氨基和酯基的酰胺化反应得到酰胺功能化的 GO－CONH－CoFe₂O₄纳米复合材料,最后通过水合肼还原 GO 得到 RGO－CONH－CoFe₂O₄纳米复合材料。

3.RGO－CONH－CoFe₂O₄纳米复合材料吸波机理

RGO－CONH－CoFe₂O₄纳米复合材料表现出优异的吸波性能,与物理共混复合材料相比,RGO－CONH－CoFe₂O₄纳米复合材料在极化模式、电磁参数、阻抗匹配等方面具有明显的优化。通过共价键连接后,石墨烯与铁氧体界面面积大,界面相互作用强,达到分子级复合。除此之外,极化弛豫、涡流效应、自然共振等损耗机制也有利于电磁波的衰减。石墨烯基电磁波吸收材料的键合可以调节石墨烯复合材料的电磁参数,涵盖了设计和组装新型石墨烯基分子材料的全过程。类似的设计可以应用于许多其他复合材料,例如由有机和无机材料组成的复合材料。

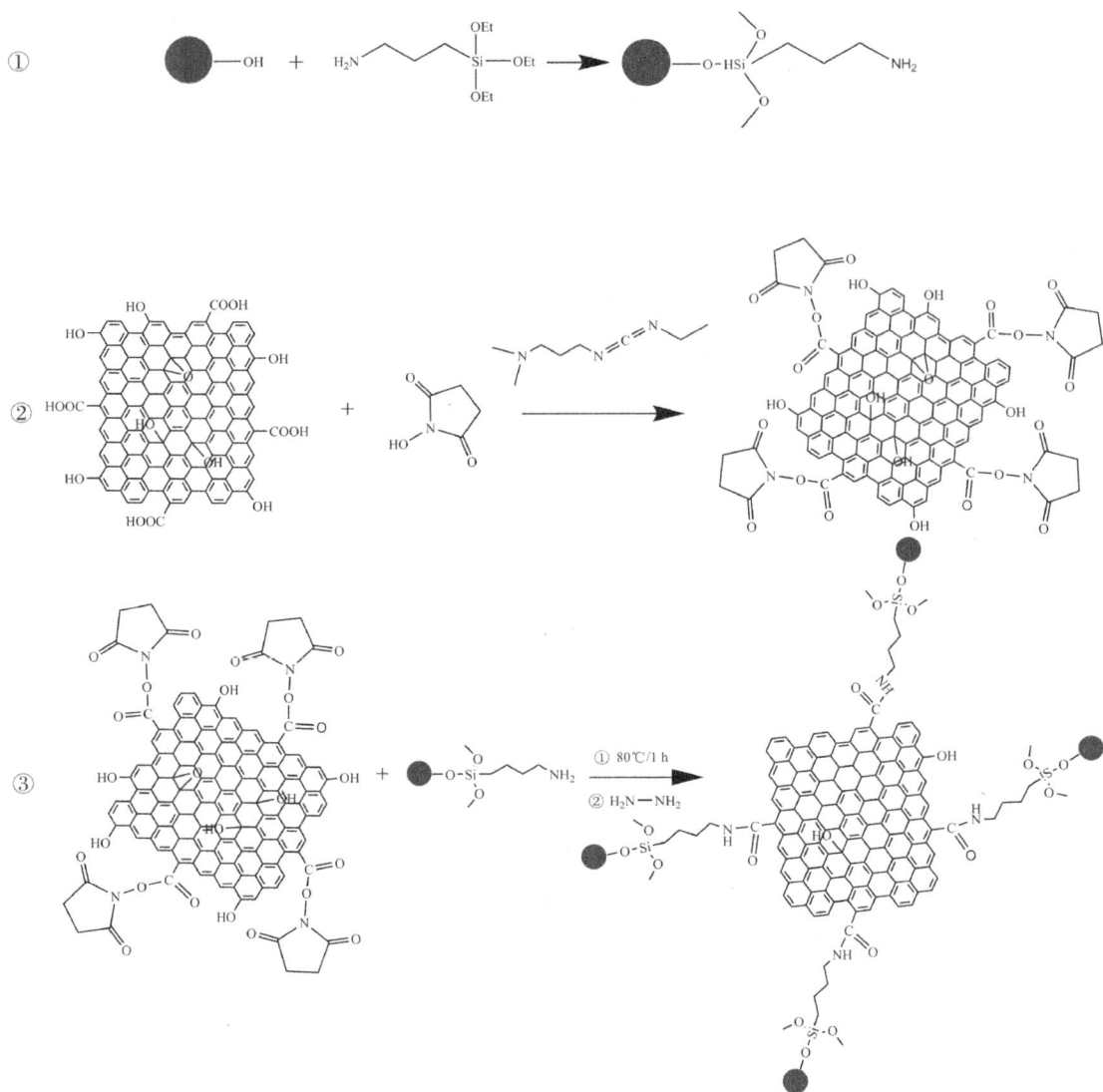

图 4-2 RGO-CONH-CoFe₂O₄ 纳米复合材料的合成示意图

四、仪器与试剂

1. 实验仪器及设备

恒温电热鼓风干燥箱,电子分析天平,超声波清洗机,磁力搅拌器,强磁铁,真空干燥箱,玛瑙研钵,XRD,VSM,VNA。

2. 试剂及材料

由改进的 Hummers 方法制得的 GO,六水合氯化铁(FeCl₃·6H₂O),六水合氯化亚钴(CoCl₂·6H₂O),聚乙二醇,水合肼,3-氨丙基三乙氧基硅烷,1-(3-二甲氨基丙基)-3-乙基碳二亚胺盐酸盐,N-羟基琥珀酰亚胺(NHS),氢氧化钠(NaOH),超纯水,无水乙醇。

五、实验步骤

1. 氨基功能化 CoFe$_2$O$_4$纳米粒子的制备

(1)称取一定量的三价铁盐和二价钴盐,并在 90 ℃下磁力搅拌 30 min,以溶于超纯水,然后向上述溶液中加入适量的聚乙二醇。

(2)搅拌 30 min 后逐滴加入 2 mL 水合肼,在 90 ℃下搅拌 2 h,得到的产物用超纯水清洗几次并通过强磁铁磁性分离。

(3)将制备好的 CoFe$_2$O$_4$纳米粒子分散到 50 mL 的 20%乙醇中,超声处理一段时间。

(4)称量 0.4 mL 3-氨丙基三乙氧基硅烷(APTES),逐滴加入,室温搅拌 7 h,经超纯水、无水乙醇离心洗涤后即可得到氨基功能化的 CoFe$_2$O$_4$纳米粒子。

2. 酯基功能化 GO 的合成

(1)称量 0.1 g GO 并分散到 60 mL 超纯水中,超声处理 3 h。

(2)加入 0.1 g 1-(3-二甲氨基丙基)-3-乙基碳二亚胺盐酸盐(EDC)和 0.08 g N-羟基琥珀酰亚胺(NHS),超声分散 1 h。

(3)称取 0.2 g 氨基功能化 CoFe$_2$O$_4$纳米粒子并加入,超声处理 0.5 h,升温到 80 ℃下反应1 h,经强磁铁磁性分离可得酰胺化的 GO-CONH-CoFe$_2$O$_4$纳米复合材料。

3. RGO-CONH-CoFe$_2$O$_4$纳米复合材料的合成

(1)将 GO-CONH-CoFe$_2$O$_4$纳米复合材料分散于 75 mL 超纯水中,之后,向上述悬浮液中加入 1 mL 的水合肼,超声处理 2 h。接着采用 90 ℃水热处理 5 h。

(2)冷却后将产物通过离心分离收集,真空 60 ℃下充分干燥以得到 RGO-CONH-CoFe$_2$O$_4$纳米复合材料。

4. 非共价键键合的 CoFe$_2$O$_4$/RGO 纳米复合材料的合成

非共价键键合的 CoFe$_2$O$_4$/RGO 纳米复合材料通过不加入 APTES、EDC 和 NHS 的类似方法获得。

5. 表征和测试

(1)使用 XRD 对制备样品的晶体结构进行表征。

(2)使用 VSM 对制备样品的磁性能进行测试。

(3)按照要求,将样品以一定质量比与石蜡混合,通过模具压制成测试环(测试环尺寸:外径 7 mm,内径 3 mm,高度 2~5 mm),使用 VNA,并采用同轴空气线测试方法,分别对所有样品的吸波性能进行测试。

六、结果分析与讨论

(1)使用 Origin 软件绘制 XRD 图谱,对样品晶型结构进行数据处理和分析。

(2)使用 Origin 软件绘制磁滞回线,对磁性能进行分析。

(3)利用 Excel 软件和 Origin 软件对电磁参数、吸波性能数据进行处理和分析,绘制数据图,撰写实验报告。

七、操作要点及注意事项

(1)由于 GO 的超纯水溶液超声分散时间较长,可以由教师提前准备或使用超声粉碎机快速处理。

（2）共价键和非共价键键合样品 GO 和 $CoFe_2O_4$ 的添加量一致,尽量保证键合方式为唯一变量。

（3）为保证官能团功能化的均匀性,搅拌过程应伴随超声处理。

八、思考题

（1）除了用酰胺化制备共价键键合纳米复合材料外,还可以引入什么官能团连接石墨烯与铁氧体?

（2）试分析磁滞回线与磁损耗的关系。

（3）如何理解共价键键合方式对吸波性能的影响?

九、相关阅读

[1] LIU W,LIU L,YANG Z H,et al. A versatile route toward the electromagnetic functionalization of metal－organic framework－derived three－dimensional nanoporous carbon composites[J]. ACS Applied Materials & Interfaces,2018,10：8965－8975.

[2] LIU L,HE N,WU T,et al. Co/C/Fe/C hierarchical flowers with strawberry－like surface as surface plasmon for enhanced permittivity,permeability,and microwave absorption properties[J]. Chemical Engineering Journal,2019,355：103－108.

参 考 文 献

[1] 张娜. 磁性微纳米颗粒修饰石墨烯多元复合材料的制备及其吸波性能研究[D]. 西安：西北工业大学,2019.

[2] ZHANG N,LIU X D,HUANG Y,et al. Novel nanocomposites of cobalt ferrite covalently－grafted on graphene by amide bond as superior electromagnetic wave absorber[J]. Journal of Colloid and Interface Science,2019,540：218－227.

实验 5 FeCo@SiO₂@C 复合材料的制备及吸波性能测试

一、实验目的

（1）掌握液相还原反应制备 FeCo 立方体以及溶胶-凝胶法制备 FeCo@SiO₂ 的反应原理、进行的条件和基本操作。

（2）掌握高温煅烧、磁力搅拌、磁性分离、产物洗涤、真空干燥等常用实验方法的原理和基本操作，加强实验动手能力。

（3）了解 FeCo@SiO₂@C 三元复合材料的吸波机理，探究不同组分含量对吸波性能的影响。

（4）了解 XRD、VSM、VNA 的基本原理，掌握其使用方法。

（5）了解场发射扫描电子显微镜（Scanning Electron Microscope，SEM）、场发射透射电子显微镜（Transmission Electron Microscope，TEM）的基本原理和使用方法。

（6）掌握利用 Origin 软件处理数据、分析数据和绘制数据图的方法。

二、实验内容

（1）根据摩尔比计算原料试剂质量，并准确称取试剂。

（2）通过液相还原及溶胶—凝胶法，并结合高温煅烧法制备 FeCo@SiO₂@C 三元复合材料。

（3）使用 XRD 对样品进行表征，使用 VSM 对样品的磁性能进行测试。

（4）使用 SEM、TEM 观察样品的微观形貌。

（5）使用 VNA，并采用同轴空气线测试方法，对样品的吸波性能进行测试。

（6）使用 Excel 软件和 Origin 软件分析数据，绘制 XRD 图、磁滞回线图、电磁参数图、吸波性能图，并对结果进行分析和讨论。

三、实验原理

1. FeCo 合金

在各种磁性纳米粒子中，FeCo 合金是一种良好的磁性材料，具有较大的饱和磁化强度、较低的矫顽力、较高的居里温度和较大的磁感应强度。近年来，因其良好的磁性能，FeCo 合金纳米粒子的合成和应用受到广泛关注。此外，FeCo 合金的高饱和磁化强度使其可以应用于交换耦合纳米复合磁体、电磁吸波和生物医学等领域。

2. 碳材料

碳材料作为优异的介电损耗材料,具有轻质、电导率高、热稳定性好、化学稳定性强及机械性能优异等优点,不仅是用作防止合金纳米粒子被氧化的最佳材料之一,而且还可以作为一种吸波材料应用于电磁吸波领域。但碳材料较低的反射损耗和较窄的有效吸收带宽限制了其在电磁吸波领域的应用,因此,需要与其他磁性材料进行复合,使其介电损耗和磁损耗达到阻抗匹配,获得较好的吸波效果。近年来,一些科研团队报道了通过与磁性颗粒复合来增强其吸波性能的材料。在这些研究中,碳基复合材料因其高介电损耗脱颖而出,用于降低吸波材料的密度,同时改善其吸波性能。

3. 反应原理

由于 FeCo 合金易在空气中氧化,本实验中采用二氧化硅壳和 C 壳包覆 FeCo 合金立方体,增强其在空气中的化学稳定性,减少氧化,提高材料的吸波性能。本实验反应原理如下:以 $FeSO_4 \cdot 7H_2O$ 和 $CoCl_2 \cdot 6H_2O$ 为原料,通过液相还原反应法制备 FeCo 合金立方体。以正硅酸乙酯(TEOS)为硅源,采用溶胶-凝胶法制备 $FeCo@SiO_2$ 二元复合材料,并结合水热及氩气保护下高温煅烧法制备 $FeCo@SiO_2@C$ 三元复合材料。$FeCo@SiO_2@C$ 三元复合材料制备流程图如图 5-1 所示。

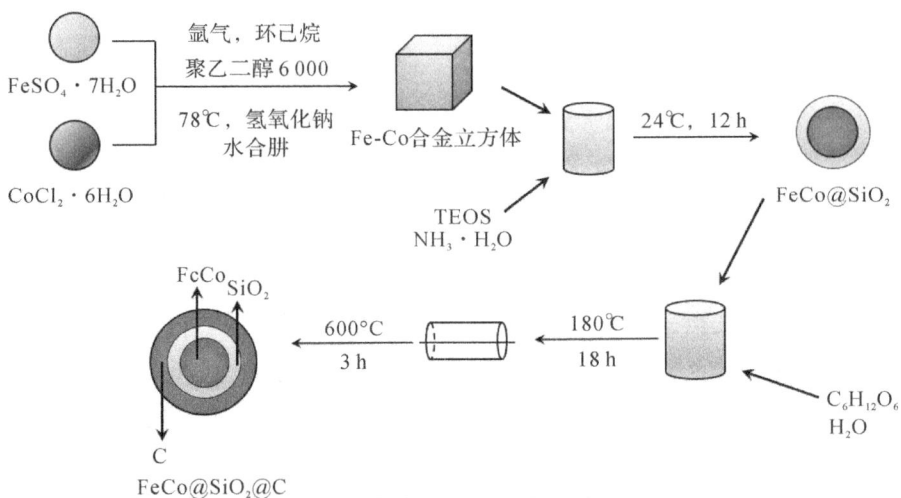

图 5-1　$FeCo@SiO_2@C$ 复合材料的制备流程图

4. $FeCo@SiO_2@C$ 三元复合材料的吸波机理

$FeCo@SiO_2@C$ 三元复合材料优异的吸波性能主要归功于阻抗匹配和电磁波多次反射衰减。一方面,碳具有较高的电导率和纵横比,有助于提高阻抗匹配。另一方面,$FeCo@SiO_2@C$ 三元复合材料的核壳结构以及残余缺陷和基团的存在会引起多次反射,这将进一步提高复合材料的电磁波吸收能力。$FeCo@SiO_2@C$ 三元复合材料介电损耗和磁损耗的主要引发机理如下:

(1)复合材料中,表面电子受到电磁波激发引发电子跃迁,产生介电损耗;

(2)复合材料中,在 FeCo 合金与介电材料之间形成界面,可以引发界面极化,产生介电损耗；

（3）FeCo合金表面偶极子引发偶极子极化，产生介电损耗；

（4）C_0-f曲线（见图5-2）表明，复合材料的磁损耗主要是由在2.0～7.5 GHz频段内的自然共振和8.0～18 GHz频段内的涡流损耗引起的。

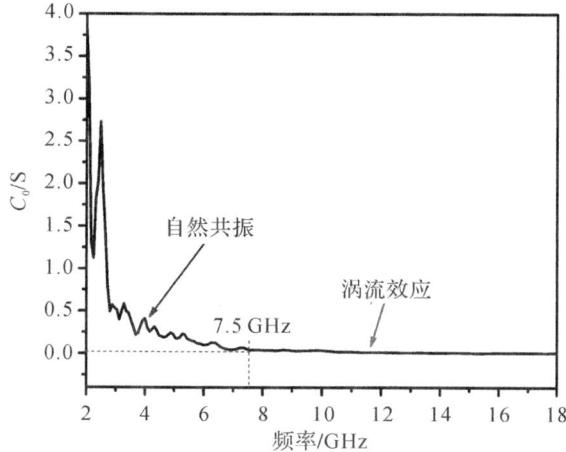

图5-2　FeCo@SiO$_2$@C复合材料的C_0-f的曲线

四、仪器与试剂

1.实验仪器及设备

恒温电热鼓风干燥箱，电子分析天平，超声波清洗机，机械搅拌器，强磁铁，真空干燥箱，水热釜，管式炉，XRD，VSM，VNA。

2.试剂及材料

七水合硫酸亚铁（FeSO$_4$ · 7H$_2$O），六水合氯化钴（CoCl$_2$ · 6H$_2$O），环己烷，氢氧化钠（NaOH），PEG-6000，水合肼，正硅酸乙酯，葡萄糖（C$_6$H$_{12}$O$_6$），超纯水，无水乙醇。

五、实验步骤

1.FeCo合金立方体的制备

（1）量取200 mL超纯水，加入500 mL的三口烧瓶中，并通入氩气保护。

（2）称取质量为2.88 g的FeSO$_4$ · 7H$_2$O和2.56 g的CoCl$_2$ · 6H$_2$O放入烧瓶中；加入一定量的超纯水，同时加入3 mL的环己烷；再称取15 g的PEG-6000加入烧瓶中，机械搅拌30 min，得到粉红色透明溶液。

（3）称取10 g的NaOH，缓慢加入60 mL水合肼中，配制混合溶液，并逐滴滴加到上述粉红色混合溶液中，持续机械搅拌30 min，可得黑色沉淀物。

（4）使用超纯水和无水乙醇交替洗涤数次，在50 ℃真空环境中干燥，获得FeCo合金立方体。

2.FeCo@SiO$_2$二元复合材料的制备

（1）称取0.2 g上述制备的FeCo合金立方体粉末，加入由超纯水和乙醇组成的混合溶液中,超声分散 20 min,再机械搅拌 30 min 使其分散均匀。

(2)滴加 6 mL 的氨水,持续机械搅拌 30 min,再逐滴滴加 8 mL 的正硅酸乙酯。

(3)在室温下持续剧烈搅拌 12 h,对沉淀物使用超纯水和无水乙醇交替洗涤数次,在 50 ℃真空环境中干燥,获得 $FeCo@SiO_2$ 二元复合材料。

3. $FeCo@SiO_2@C$ 三元复合材料的制备

(1)称取 0.2 g 的 $FeCo@SiO_2$ 和 4 g 的 $C_6H_{12}O_6$ 并将其溶解在 60 mL 超纯水中,在室温下机械搅拌 30 min,再将混合液转移到 100 mL 聚四氟乙烯内衬的不锈钢高压釜中。

(2)将水热釜在 180 ℃ 烘箱中反应 18 h。

(3)将水热釜冷却至室温,并将最终产物用超纯水和无水乙醇交替洗涤 3 次,冷冻干燥 12 h。

(4)将收集的粉末放入管式炉,在氩气保护下以 3 ℃·min^{-1} 的速率缓慢升温至 600 ℃ 煅烧 3 h。最后,使其自发冷却至室温,收集所得产物即 $FeCo@SiO_2@C$ 三元复合材料。

4. 样品表征

(1)使用 XRD 对样品的晶体结构进行表征。

(2)使用 VSM 对样品的磁性能进行测试。

(3)使用 SEM、TEM 观察样品的微观形貌。

(4)按照要求,将样品以一定质量比与石蜡混合,通过模具压制成测试环(测试环尺寸:外径 7 mm,内径 3 mm,高度 2~5 mm),使用 VNA,采用同轴空气线测试方法,分别对所有样品的吸波性能进行测试。

六、结果分析与讨论

(1)在液相还原反应制备 FeCo 合金立方体的过程中,聚乙二醇-6000 的加入量对立方体的晶型、微观形貌会产生较大影响,通过控制制备条件制得多组样品,采用 XRD、SEM、TEM 等表征手段进行分析和讨论。

(2)使用 Origin 软件绘制磁滞回线,对磁性能进行分析。

(3)利用 Origin 软件对电磁参数、吸波性能数据进行处理和分析,绘制数据图,撰写实验报告。

七、操作要点及注意事项

(1)制备 $FeCo@SiO_2$ 二元复合材料时,正硅酸乙酯要逐滴、缓慢滴加。

(2)必须使用新配置的 NaOH 水合肼混合溶液。

(3)整个实验过程中使用机械搅拌,不得使用磁力搅拌器。

八、思考题

(1)在用液相还原法制备 FeCo 立方体时,为什么要用惰性气体保护?除了氩气还可以用什么气体代替?

(2)用溶胶-凝胶法制备 $FeCo@SiO_2$ 时,能否将正硅酸乙酯一次性加入?

(3)制备 $FeCo@SiO_2@C$ 三元复合材料时用葡萄糖作为碳源,请问还有其他材料可以选择吗?

九、相关阅读

[1] LI S P，HUANG Y，DING X，et al. Synthesis of core – shell FeCo@SiO₂ particles coated with the reduced graphene oxide as an efficient broadband electromagnetic wave absorber[J]. Journal of Materials Science：Materials in Electronics，2017，28：15782 – 15789.

[2] CHOKPRASOMBAT K，HARDING P，PINITSOONTORN S，et al. Morphological alteration and exceptional magnetic properties of air – stable FeCo nanocubes prepared by a chemical reduction method[J]. Journal of Magnetism and Magnetic Materials，2014，369：228 – 233.

参 考 文 献

[1] 李素萍. 铁钴合金/介电型复合材料的制备及其吸波性能的研究[D]. 西安：西北工业大学，2019.

[2] LI S P，HUANG Y，ZHANG N，et al. Synthesis of polypyrrole decorated FeCo@SiO₂ as a high – performance electromagnetic absorption material[J]. Journal of Alloys and Compounds，2019，774：532 – 539.

实验 6　同轴法测试粉末样品在 2～18 GHz 的电磁参数

一、实验目的

(1)了解矢量网络分析仪的结构及工作原理,了解不同形态样品的电磁参数测试方法。

(2)掌握采用同轴空气线测试方法测试粉末样品在 2～18 GHz 频段的电磁参数的原理和基本操作方法。

(3)掌握粉末样品电磁参数、吸波性能数据的处理方法,了解如何借助电磁参数对样品的吸波机理进行分析。

(4)了解样品与石蜡混合比例(文中简称混比)对电磁参数和吸波性能的影响规律。

(5)掌握利用 Excel 软件和 Origin 软件对电磁参数进行数据分析的方法,能熟练绘制电磁参数图和吸波性能图。

二、实验内容

(1)根据质量比准确称取粉末样品和石蜡。

(2)融化、混匀样品与石蜡,利用模具压制测试所需要的环状样品(尺寸:外径 7 mm、内径 3 mm、高约 2～5 mm)。

(3)使用矢量网络分析仪 VNA,采用同轴空气线测试方法,对粉末样品在 2～18 GHz 频段的电磁参数进行测试。

(4)使用 Excel 软件分析数据,使用 Origin 软件绘制电磁参数图和吸波性能图,并对结果进行分析和讨论。

三、实验原理

1. 矢量网络分析仪(Vector Network Analyzer,VNA)

矢量网络分析仪是一种电磁波能量的测试设备,功能很多,被称为射频微波领域的万用表。本实验中,采用中国电子科技集团公司第四十一研究所研发的 AV3672C 型矢量网络分析仪,组建同轴空气线测试系统,对待测样品与石蜡混合物的电磁参数进行测试,如图 6-1 所示。将待测样品与石蜡以一定的比例混合后,加热融化并搅拌均匀,再转移到模具中压制成环状样品。环状样品的内径为 3.0 mm,外径为 7.0 mm,厚度为 2～5 mm,测试的微波频率范围为 2～18 GHz,测试得到的结果为材料在 2～18 GHz 频段的电磁参数和损耗数据,即频率(范围为 2～18 GHz)、复介电常数实部、复介电常数虚部、介电损耗角正切值、复磁导率实部、复磁导率虚部、磁损耗角正切值等 7 列数据。

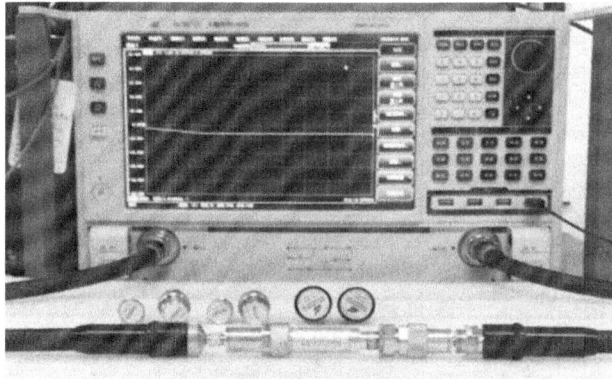

图 6-1　矢量网络分析仪、电缆及同轴空气线测试夹具

2. 电磁污染与隐身材料

现代技术的迅速发展带来的电磁污染成为继水污染、大气污染和噪声污染之后的一种新的污染,成为人们不得不面对的问题。电磁污染危害性较大,防护困难,导致人类生存的空间环境日益恶化。电磁污染的危害性主要体现在以下几个方面。

首先,电磁波对人身体健康尤其是幼儿以及孕妇等特殊人群产生较大的危害。在漫长的进化演变过程中,生态系统和人类生存空间的电磁环境达成平衡。而现代电子技术的迅速发展使电磁环境迅速发生变化,导致电磁环境与生态系统的不协调日益突出。这种电磁污染区别于自然电磁污染,称为人为电磁污染。电磁波对人体的主要伤害是引起中枢神经系统的机能障碍和以交感神经疲乏、紧张为主的植物神经失调。过量电磁波辐射可引起各种严重疾病。

其次,电磁干扰也会对电子产品的性能产生不良影响。高频大功率设备工作期间输出能量大,形成的高频辐射会对周围产生严重的干扰,引发严重的后果。

另外,仪器设备工作产生的电磁波中携带的信息有可能造成信息的泄露,引发信息安全问题,使得国家安全和国家秘密受到了严峻的挑战。随着现代电子通信技术迅速发展,信息的保密安全问题更加重要。

隐身技术可以降低武器的被探测程度以实现隐身效果,使用的方法一般为改变目标结构,或对目标表面涂上一层吸波材料。在军事领域,世界各国对隐身技术的重视程度持续加强。隐身技术发展的关键在于开发并研究具有优异吸波性能的电磁波吸收材料。电磁波吸收材料即为吸波材料,可将电磁波衰减、转化为热能而散化掉。设计开发新型吸波材料不仅对国防安全领域有重要意义,而且对民用电磁防护也有重要意义。

3. 电磁参数

电磁参数表示材料与电磁场的相互作用,是描述吸波材料电磁特性的特征参数,主要包括复介电常数(ε_r)、复磁导率(μ_r)、介电损耗角正切值($\tan\delta_\varepsilon$)和磁损耗角正切值($\tan\delta_\mu$)。图 6-2 为测试得到的 Fe_3O_4 和 RGO/Fe_3O_4 二元复合材料的电磁参数随频率变化的曲线。

(1)复介电常数。电介质以正负电荷重心不重合的电极化方式传递、储存或记录电场的作用。在交变电场作用下,电介质内部的束缚电子经历三个电极化过程:原子核外电子云的畸变、分子中正负离子的相对位移极化和分子电矩的转向极化。三种极化方式的建立与电磁波的频率有关,随着交变电场外场频率的增加,介质的电极化逐渐滞后于外场的变化,这时介电常数无法再用一个简单的实数来表示,因此引入复介电常数。其可表示为

$$\varepsilon_r = \varepsilon' - j\varepsilon'' \tag{6-1}$$

式中:ε' —— 复介电常数实部;

ε'' —— 复介电常数虚部。

复介电常数为复数形式,实部 ε' 与静态场中的相对介电常数相同,代表吸波材料在交变电场作用下发生的极化程度,用于表征储存电荷或储存能量的能力;虚部 ε'' 相当于在电容器上并联一个等效电阻,用于表征对能量的损耗。

(2)复磁导率。磁介质会被外磁场磁化,当磁场为交变磁场时,存在自然共振、涡流效应、磁滞效应、磁后效和畴壁共振等效应。磁介质磁化状态的改变滞后于外界磁场的变化,因此需要考虑磁化的时间效应。在动态磁化过程中,为了表示交变磁场中磁感应强度和场强之间振幅和相位的关系,引入复磁导率。复磁导率表示为

$$\mu_r = \mu' - j\mu'' \tag{6-2}$$

式中:μ' —— 复磁导率实部;

μ'' —— 复磁导率虚部。

复磁导率为复数形式,实部 μ' 用于表征在外加磁场作用下吸波材料发生极化或磁化的程度;虚部 μ'' 用于表征在外加磁场作用下吸波材料的磁偶极矩发生重排引起的损耗量度。

(3)介电损耗角正切值。$\tan\delta_\varepsilon$ 称为介电损耗角正切值,是吸波材料的重要参数之一,表征材料的介电损耗大小,是频率和温度的函数,由材料的复介电常数虚部与实部的比值来表示:

$$\tan\delta_\varepsilon = \varepsilon''/\varepsilon' \tag{6-3}$$

(4)磁损耗角正切值。$\tan\delta_\mu$ 称为磁损耗角正切值,是吸波材料的重要参数之一,表征材料的磁损耗大小,由材料的复磁导率虚部与实部比值来表示:

$$\tan\delta_\mu = \mu''/\mu' \tag{6-4}$$

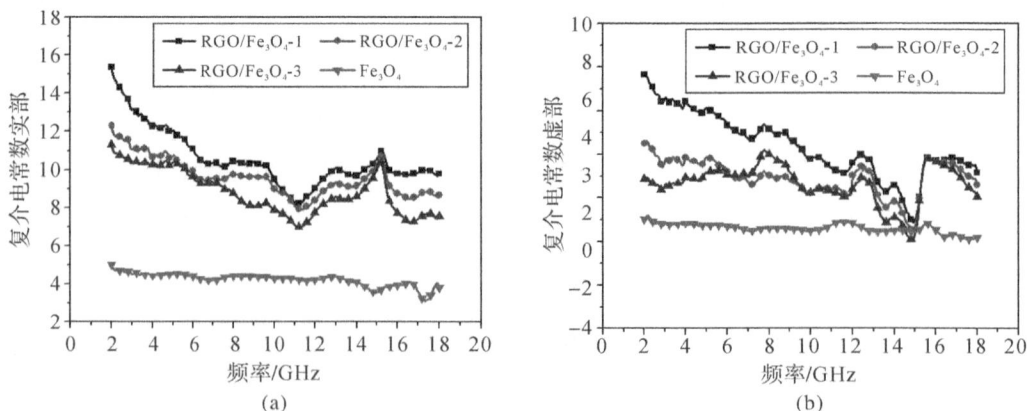

图 6-2 Fe_3O_4 和 RGO/Fe_3O_4 二元复合材料的电磁参数及损耗随频率变化的曲线

(a)复介电常数实部;(b)复介电常数虚部

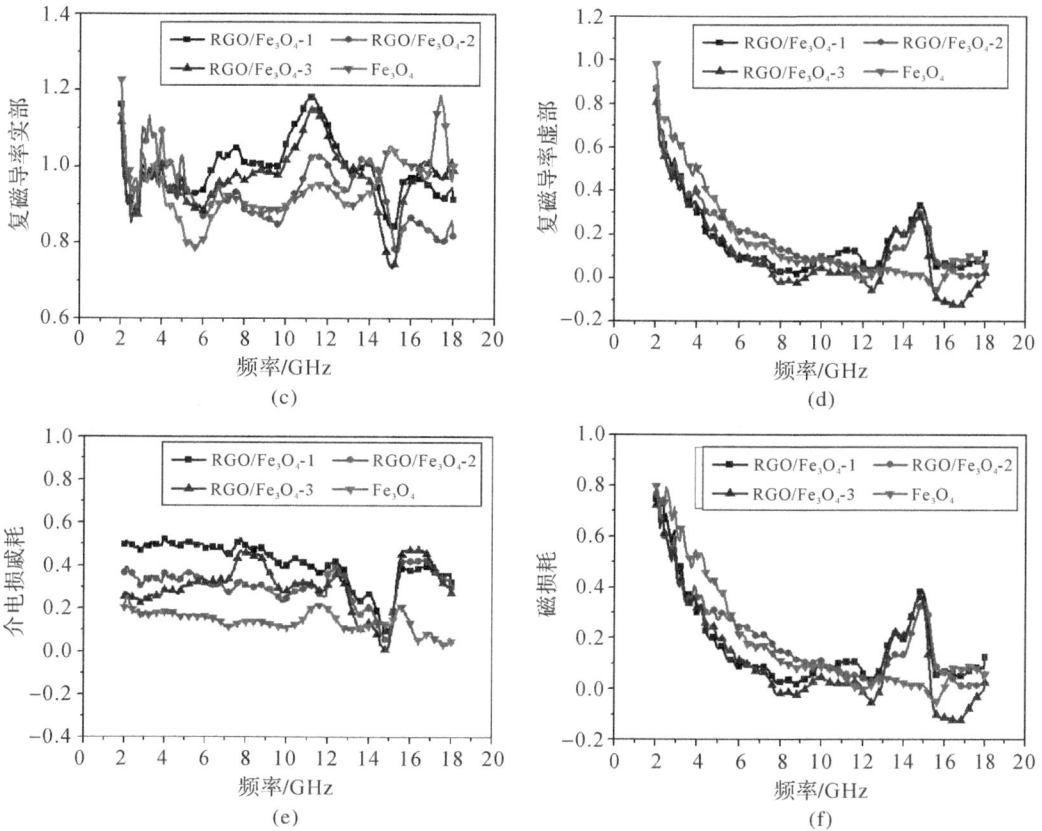

续图 6-2　Fe₃O₄ 和 RGO/Fe₃O₄ 二元复合材料的电磁参数及损耗随频率变化的曲线

(c)复磁导率实部；(d)复磁导率虚部；(e)介电损耗；(f)磁损耗

4.吸波材料的重要机理和公式

当电磁波入射到吸波材料表面上时，要想最大限度地吸收电磁波，需要满足两个条件：一是需要入射电磁波尽可能多地进入吸波材料内部，从而减少入射界面的直接反射，即需要首先考虑材料的阻抗匹配特性；二是需要入射电磁波在吸波材料内部充分耗散，即需要考虑材料的衰减特性。阻抗匹配和衰减特性是设计吸波材料需要遵循的两个主要原则。

（1）阻抗匹配。电磁波从自由空间（阻抗为 Z_0）入射到介质（输入阻抗为 Z_{in}）表面时，在界面处会发生反射和透射现象，此时，反射系数 R 满足如下关系：

$$R = \frac{Z_0 - Z_{in}}{Z_0 + Z_{in}} \tag{6-5}$$

$$Z_0 = \sqrt{\frac{\mu_0}{\varepsilon_0}} \tag{6-6}$$

$$Z_{in} = \sqrt{\frac{\mu_{in}}{\varepsilon_{in}}} \tag{6-7}$$

式中：Z_0 —— 自由空间的特征阻抗；

Z_{in} —— 吸波材料的归一化输入阻抗；

μ_0，ε_0 —— 自由空间的磁导率和介电常数；

μ_{in}、ε_{in} —— 吸波材料的磁导率和介电常数。

阻抗匹配指当吸波材料表面达到特殊的边界条件时,入射电磁波在材料介质表面的反射系数 R 最小(理想情况下 $R=0$),此时入射电磁波会尽可能多地从表面进入材料内部。当满足条件 $\mu_r = \varepsilon_r$ 时,$Z_0 = Z_{in}$,则反射系数 $R=0$,该材料与自由空间阻抗达到匹配。

(2)衰减特性。衰减特性指将进入材料内部的电磁波通过电磁损耗迅速转化为其他形式的能量(如热能、电能和机械能)而使电磁波衰减的特性。可以通过提高电损耗角正切值 $\tan\delta_\varepsilon$ 和磁损耗角正切值 $\tan\delta_\mu$,即通过提高复介电常数虚部 ε'' 和复磁导率虚部 μ'' 来损耗更多的入射电磁波。

(3)反射损耗。反射损耗(Reflection Less,R_L)是表征材料吸波性能的重要参数。反射损耗可以用下面的公式进行计算:

$$R_L(dB) = 20\log\left|\frac{Z_{in}-1}{Z_{in}+1}\right| \tag{6-8}$$

根据传输线理论,结合式(6-6)和式(6-7)得到

$$Z_{in} = \sqrt{\mu_r/\varepsilon_r}\tanh[j(2\pi fd/c)]\sqrt{\varepsilon_r\mu_r} \tag{6-9}$$

式中:f —— 入射电磁波的频率;

d —— 吸收体的厚度;

c —— 真空中电磁波的传播速度。

为了达到理想的电磁波吸收性能,吸波材料必须具备的首要条件是在入射界面处反射小,即反射损耗 R_L 的值越小越好。有效吸收频率宽度(简称"有效频宽")指反射损耗 R_L 小于 -10 dB 时所处的频率范围。一般来说,有效频宽越宽,所制备的吸波材料性能越优异。通常根据不同的需要,选择合适的材料应用于不同的频率吸收。图 6-3 为借助 Excel 软件计算得到的 Fe_3O_4 和 RGO/Fe_3O_4 二元复合材料的反射损耗。

(4)Cole-Cole 公式。德拜电介质弛豫模型(又称 Cole-Cole 模型),是一种探讨介电损耗机理的模型,对于介电型吸波材料尤为重要。根据德拜弛豫理论,在外加电场的作用下,复合材料内部的电荷在电磁场中会发生变化,物质内部的电子或离子吸收电磁波的能量产生极化和弛豫。德拜弛豫过程可以利用如下公式表达:

$$\varepsilon_r = \varepsilon_\infty + (\varepsilon_s - \varepsilon_\infty)/[1+j(2\pi f)\tau] = \varepsilon' - j\varepsilon'' \tag{6-10}$$

式中:ε_s —— 静电场下的介电常数;

ε_∞ —— 极限频率下的相对介电常数;

τ —— 极化弛豫时间。

根据式(6-10)可得复介电常数的实部和虚部表达式:

$$\varepsilon' = \varepsilon_\infty + \frac{\varepsilon_s - \varepsilon_\infty}{1+(2\pi f)^2\tau^2} \tag{6-11}$$

$$\varepsilon'' = \frac{2\pi f\tau(\varepsilon_s - \varepsilon_\infty)}{1+(2\pi f)^2\tau^2} \tag{6-12}$$

根据式(6-11)和式(6-12)推导得到介电常数的实部与虚部之间的关系:

$$\left(\varepsilon' - \frac{\varepsilon_s + \varepsilon_\infty}{2}\right)^2 + (\varepsilon'')^2 = \left(\frac{\varepsilon_s - \varepsilon_\infty}{2}\right)^2 \tag{6-13}$$

式(6-13)称为 Cole-Cole 公式,从数学形式上看,式(6-13)是一个圆的方程。若以 ε'

为横轴、ε'' 为纵轴绘制 Cole-Cole 曲线（即 ε''-ε' 曲线），则其圆心坐标为 $[(\varepsilon_s+\varepsilon_\infty)/2,0]$，半径为 $(\varepsilon_s-\varepsilon_\infty)/2$。因此，德拜弛豫过程可以通过 Cole-Cole 曲线中的 Cole-Cole 半圆表示，每一个 Cole-Cole 半圆代表一个单一的德拜弛豫过程。在实际的实验数据中，Cole-Cole 曲线中的 Cole-Cole 半圆通常表现为偏离半圆的圆弧，这表明德拜弛豫是由多种机制参与的弛豫过程。

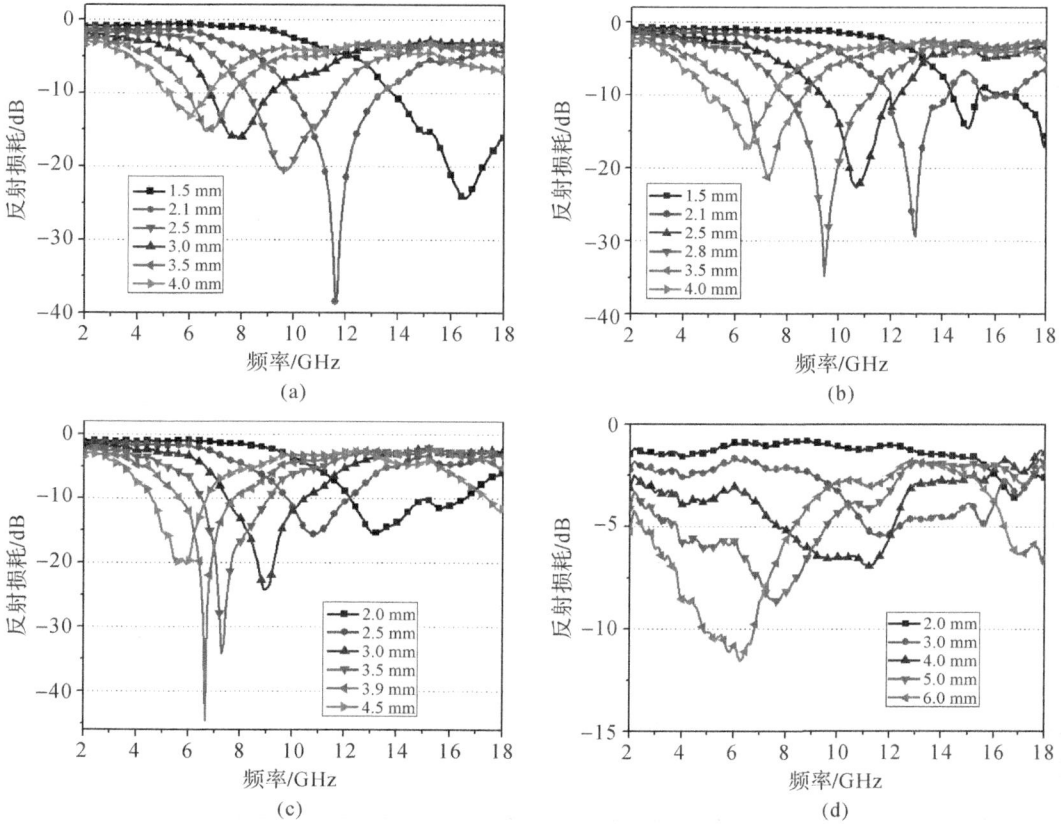

图 6-3　RGO/Fe₃O₄-1（a）、RGO/Fe₃O₄-2（b）、RGO/Fe₃O₄-3（c）和 Fe₃O₄（d）的反射损耗

（5）趋肤效应。当导体中有交流电或者交变电磁场时，导体内部的电流分布不均匀，导线内部电流变小，电流集中在导线的表面部分，这一现象叫作趋肤效应，又称集肤效应。趋肤效应使导线电阻增加，损耗功率也增加。交流电或者交变电磁场的频率越高，趋肤效应越显著。

电磁波向导体内部透入时，因为能量损失而逐渐衰减。当波幅衰减为表面波幅的 e^{-1} 倍的深度时，其称为交变电磁场对导体的透入深度。定义趋肤深度为

$$d_s = \sqrt{2\rho/\omega\mu_0\mu} \tag{6-14}$$

式中：ω —— 角频率；

　　　μ_0 —— 真空磁导率；

　　　μ —— 相对磁导率；

　　　r —— 电阻率，为电导率 σ 的倒数。

(6)涡流损耗。当导体处在交变磁场中时,电磁感应作用在导体内部感应产生电流,叫做涡流。外界磁场变化越快,导体内感生电动势越大,产生的涡流越强。涡流在导体内流动时会释放焦耳热,这种因涡流而导致的能量损耗称为涡流损耗。

涡流损耗对磁损耗的影响可以用下式来表示:

$$\mu'' \approx 2\pi\mu_0 (\mu')^2 \sigma \times d^2 f/3 \qquad (6-15)$$

式中:μ_0——真空磁导率;

σ——材料的电导率;

d——环形样品的厚度。

式(6-15)变形后可以得到下式:

$$C_0 = \mu''(\mu')^{-2} f^{-1} = 2\pi\mu_0 \sigma d^2/3 \qquad (6-16)$$

由式(6-16)可知,如果磁损耗仅由涡流损耗引起,当频率发生改变时,C_0的值保持不变。

(7)自然共振。自然共振效应是磁损耗的一种,由于存在各向异性,对铁磁性材料,自然共振的公式可以表示为

$$2\pi f_r = rH_a \qquad (6-17)$$

式中:r——磁旋比;

H_a——各向异性能。

式(6-17)变形后可以得到各向异性能 H_a:

$$H_a = 4 \mid K_1 \mid /(3\mu_0 M_s) \qquad (6-18)$$

式中:M_s——磁性材料的饱和磁化强度;

$\mid K_1 \mid$——各向异性系数。

根据式(6-18)可知,各向异性能与饱和磁化强度 M_s 成反比,材料的饱和磁化强度越强,各向异性能越弱,则自然共振效应越弱。

(8)介电常数的虚部与电导率的关系。复介电常数和复磁导率分别代表了材料的动态介电性能和动态磁性能,其实部和虚部分别代表了储存和耗散电磁能的能力。

根据自由电子理论,复介电常数的虚部与电导率的关系用下式来表示:

$$\varepsilon'' = \frac{\sigma}{2\pi f \varepsilon_0} \qquad (6-19)$$

式中:σ——材料的电导率;

ε''——复介电常数虚部;

ε_0——在真空中的介电常数;

f——电磁波频率。

由式(6-19)可知,复介电常数的虚部与电导率成正比,可以通过提高电导率来增加材料耗散电磁波的能力。

四、仪器与试剂

1.实验仪器及设备

电子分析天平,加热板,10 mL 小烧杯,压环模具,螺旋测微仪(或游标卡尺),矢量网络

分析仪及配套软件。

2.试剂及材料

待测的粉末样品,纯净的石蜡。

五、实验步骤

1.环状样品的压制

(1)按设计质量比例计算所需的粉末样品和石蜡的质量,一般压制一个环的样品和石蜡总质量不小于 150 mg。

(2)称取粉末样品和石蜡,并倒入 10 mL 小烧杯中。

(3)将小烧杯放置在加热板上,将加热板温度设置为 70 ℃左右,待石蜡融化后,将样品和石蜡混匀。

(4)将样品和石蜡混合物小心地从小烧杯转移到压环模具中,压制成环,并使用螺旋测微仪(或游标卡尺)测量环状样品的实际厚度。

2.同轴空气线法测试

(1)开机。依次打开矢量网络分析仪主机、电脑、测试软件,仪器预热 30min。

(2)设置参数。依次进行如下操作进行设置参数:点击"设备检测"使电脑的测试软件与矢量网络分析仪连接,选择"测试方法"为"同轴传输线法电磁参数测试",将"起始频率"修改为 2,将"测量点数"修改为 201,点击"测量设置"初始化并完成仪器设备的参数设置。

(3)校准。依次进行如下操作进行校准:点击"测量校准",在矢量网络分析仪软件界面选择校准菜单,使用 SOLT 校准方法,使用校准件对仪器进行校准。

(4)测试。将环状样品放置到同轴空气线夹具中,在电脑测试界面输入 D[样品的实际厚度(mm)]、A[$80-D$ 的数值(mm)],点击"启动测量"即可获得测量数据,点击"保存数据"将数据保存。

(5)将环状样品从同轴空气线夹具中取下,放置其他待测样品,重复上述测试操作,即可完成其他样品的测试。

六、结果分析与讨论

(1)使用 Origin 软件绘制样品电磁参数四条曲线(复介电常数实部、虚部,复磁导率实部、虚部),使用 Origin 软件绘制样品电损耗角正切值曲线和磁损耗角正切值曲线,参考样品的电磁参数曲线图(见图 6 - 2)。

(2)使用 Excel 软件处理数据,计算不同模拟厚度对应的反射损耗(单位为 dB),使用 Origin 软件绘制不同模拟厚度对应的反射损耗曲线,参考样品的反射损耗图(见图 6 - 3)。

(3)尝试利用重要公式分析材料的吸波机理。

七、操作要点及注意事项

(1)粉末样品与石蜡混合时,粉末样品的质量分数一般为 5%～50%。

(2)加热板温度根据环境温度的不同而适当变化,范围一般为 65～75 ℃。

(3)测量时应随时注意同轴空气线夹具的清洁,以保证数据的准确性。

八、思考题

(1)粉末样品与石蜡混合时,粉末样品的质量分数对电磁参数有什么影响? 对随后计算的反射损耗有什么影响?

(2)如何理解模拟厚度与对应的反射损耗?

(3)模拟厚度增加时,最佳吸收频率会发生什么变化?

九、相关阅读

[1] 邢丽英. 隐身材料[M]. 北京:化学工业出版社,2004.

[2] 丁晓. 石墨烯-磁性合金纳米颗粒多元复合材料的制备及其微波吸收特性研究[D]. 西安:西北工业大学,2016.

[3] 赵孔双. 介电谱方法及应用[M]. 北京:化学工业出版社,2008.

参 考 文 献

[1] 宗蒙. 两类纳米颗粒共修饰石墨烯复合材料的制备及其吸波性能研究[D]. 西安:西北工业大学,2017.

[2] ZONG M,HUANG Y,ZHAO Y,et al. Facile preparation,high microwave absorption and microwave absorbing mechanism of RGO - Fe$_3$O$_4$ composites[J]. RSC Advances,2013,3:23638 - 23648.

实验 7　碳包覆 Mn_3O_4 中空多面体的制备及储锂性能测试

一、实验目的

（1）熟悉水热法制备多面体结构的基本原理、进行的条件和基本操作，了解水热法的反应原理。

（2）掌握磁力搅拌、离心分离、产物洗涤、真空干燥等常用实验方法的原理和基本操作，加强实验动手能力。

（3）掌握 Mn_3O_4@C 二元复合材料的制备原理、储锂机理，探究不同微观结构对储锂性能的影响。

（4）了解扫描电子显微镜（SEM）、蓝电电池测试系统和电化学工作站的基本原理，掌握其使用方法。

（5）掌握利用 Origin 软件处理数据、分析数据和绘制数据图的方法。

二、实验内容

（1）根据摩尔比计算原料试剂质量，并准确称取试剂。

（2）通过水热法和高温热解法，制备不同结构的 Mn_3O_4 材料和 Mn_3O_4@C 二元复合材料。

（3）使用扫描电子显微镜（SEM）对样品的微观结构进行观察。

（4）使用蓝电电池测试系统对样品的电化学性能进行测试。

（5）使用电化学工作站对样品的储锂机理进行测试和分析。

（6）使用 Origin 软件分析数据，绘制循环伏安图、循环性能图、倍率性能图，并对结果进行分析和讨论。

三、实验原理

1. Mn_3O_4 材料的特点

Mn_3O_4 具有理论容量高（936 mA・h・g^{-1}）、电势低、环境友好、资源丰富、毒性低等特点，在众多过渡金属氧化物中脱颖而出。然而，Mn_3O_4 作为锂离电池负极材料也面临着巨大的挑战：①电导率较低，约为 $10^{-7}\sim10^{-8}$ S・cm^{-1}；②在嵌锂/脱锂过程中，会产生较大的体积膨胀，导致容量迅速衰减；③倍率性能差；④在循环中持续产生不稳定的固体电解质界面

(Solid Electrolyte Interphase，SEI)膜。为解决这些问题，研究者们提出了以下两类解决方案：一是控制负极材料的尺寸、形貌和结构，如中空结构、核壳结构，或缩小其尺寸至纳米级别；二是与其他材料形成复合物，如合金，导电聚合物或新型碳材料。

结构设计和表面包覆是解决上述困难的两种最有效的方法。在众多结构中，中空多面体是最新颖和稳定的结构之一，其独特的结构可以充当缓冲层，以缓解由脱嵌锂而产生的体积变化，并缩短锂离子的扩散距离，这将有利于形成稳定而坚固的 SEI 膜，避免负极材料在循环过程中发生碎裂。除此之外，碳作为一种有效的表面包覆材料，不仅因具有良好的热力学稳定性而能起到抑制体积变化的作用，还可促进电子的传输，从而获得更高的电子导电性。由于受到碳壳的保护，负极材料不会发生碎裂，即使经过长时间循环后，SEI 膜仍能保持稳定状态，即不会持续产生 SEI 膜并消耗过多锂离子。

2.反应原理

有关碳包覆金属氧化物作为锂离子电池负极材料的研究已有诸多报道，但通常其不可逆容量较大，且循环后容量保持率较低。如 Wang 等以乙酸锰水合物、乙二醇、聚乙烯吡咯烷酮为原料，通过水热法和热处理制备了碳包覆 Mn_3O_4 纳米棒复合材料。经过电化学性能测试，该材料的首次放电容量为 $1\ 246\ mA \cdot h \cdot g^{-1}$，充电容量为 $723\ mA \cdot h \cdot g^{-1}$，库仑效率为 58%，经过 50 次循环后，容量稳定在 $473\ mA \cdot h \cdot g^{-1}$（在电流密度 $40\ mA \cdot g^{-1}$）。

在本实验中，以高锰酸钾为原料，采用简单的水热反应制备 Mn_3O_4 中空多面体材料，无需进行进一步化学反应处理。通过控制反应温度制得具有不同微观形貌的 Mn_3O_4，考察其结构对储锂特性的影响。随后以多巴胺为碳源，通过原位聚合和热解法在 Mn_3O_4 表面包覆碳层，制备碳包覆 Mn_3O_4 中空多面体复合材料。

本实验反应原理如下：甲酰胺与水反应生成甲酸和氨，氨可增加溶液的 pH 值。在碱性条件下，生成的甲酸与高锰酸钾进一步反应生成 Mn_3O_4，反应方程式如下：

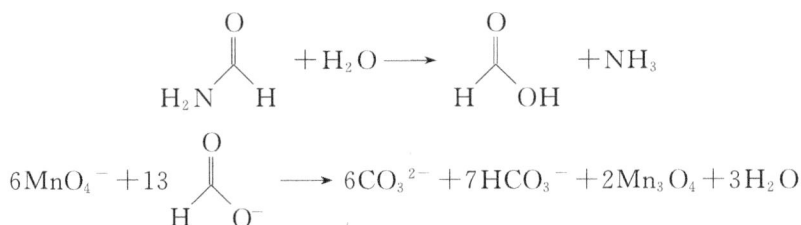

$$\underset{H_2N \quad \quad H}{\overset{O}{\|}}\ +H_2O \longrightarrow \underset{H \quad \quad OH}{\overset{O}{\|}}\ +NH_3$$

$$6MnO_4^- +13\ \underset{H \quad \quad O^-}{\overset{O}{\|}}\ \longrightarrow 6CO_3^{2-} +7HCO_3^- +2Mn_3O_4 +3H_2O$$

通过控制水热过程的反应温度，可调节 Mn_3O_4 的微观形貌。在碳包覆过程中，首先，多巴胺在 Mn_3O_4 中空多面体表面发生原位聚合，生成 Mn_3O_4@聚多巴胺。然后，经热解反应，聚多巴胺在高温下被碳化，生成 Mn_3O_4@C 复合材料。Mn_3O_4 的结构演变过程和 Mn_3O_4@C 的制备流程如图 7-1 所示。

3.碳包覆 Mn_3O_4 中空多面体的储锂机理

Mn_3O_4@C 复合电极的脱嵌锂机理如图 7-2 所示。在放电过程中，电解液中的锂离子渗入负极，并与 Mn_3O_4 发生反应转化为 Mn^0 和 Li_2O。为了平衡电荷，补偿电子从外电路通往负极。充电过程刚好与之相反，锂离子从负极材料返回电解液中。在整个过程中，在 Mn_3O_4 多面体表面会形成一层 SEI 膜。经过长时间充放电循环后，由于锂离子的嵌入和脱出，其中空结构被改变。而由于碳层的保护作用，碳包覆的 Mn_3O_4 并不会发生结构坍塌。

因此,碳壳对于提高负极材料电化学性能具有至关重要的作用。一方面,由于碳具有较高的电导率,因此碳的引入可有效提高复合材料的导电性,弥补 Mn_3O_4 导电性差的不足;另一方面,碳壳层的约束能够使 Mn_3O_4 适应多次脱嵌锂导致的体积变化,进一步避免其粉碎并失去电接触。

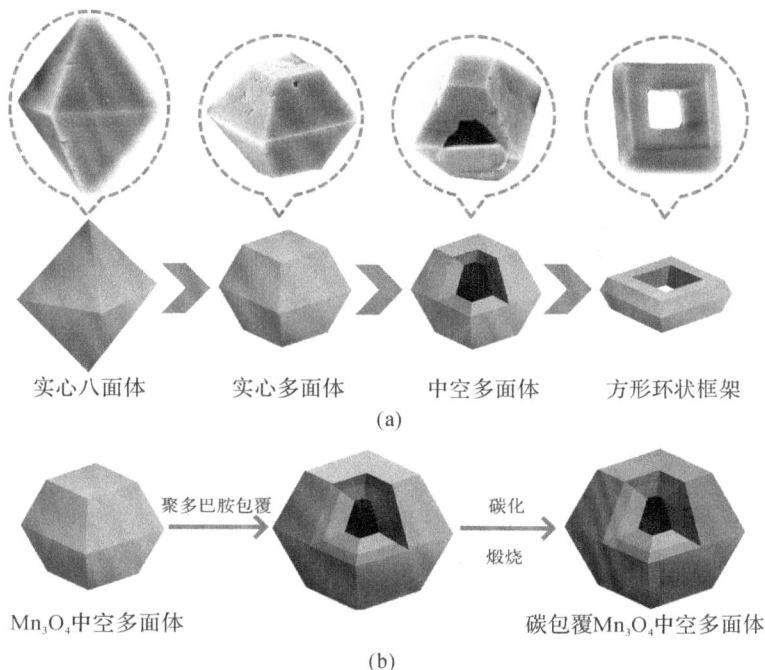

| 实心八面体 | 实心多面体 | 中空多面体 | 方形环状框架 |

(a)

Mn₃O₄中空多面体 —聚多巴胺包覆→ —碳化 煅烧→ 碳包覆Mn₃O₄中空多面体

(b)

图 7-1 Mn_3O_4 的结构演变过程和 $Mn_3O_4@C$ 的制备流程
(a)Mn_3O_4 中空多面体的结构演变;(b)$Mn_3O_4@C$ 复合材料的制备流程图(b)

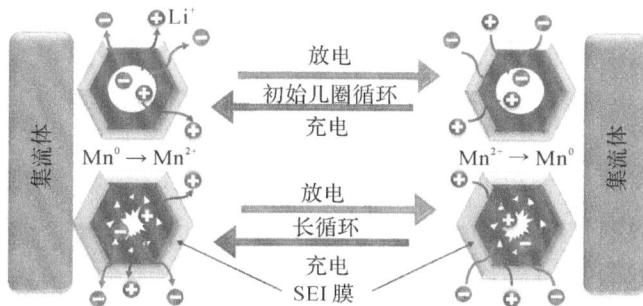

图 7-2 $Mn_3O_4@C$ 电极材料的充放电机理图

四、仪器与试剂

1. 实验仪器及设备

电热恒温鼓风干燥箱,电子分析天平,磁力搅拌器,真空干燥箱,高速离心机,聚四氟乙烯内衬反应釜,管式炉,手套箱,扣式电池封口机,扫描电子显微镜(SEM),电化学工作站,蓝电电池测试系统。

2. 试剂及材料

高锰酸钾($KMnO_4$),甲酰胺(CH_3NO),聚乙二醇(PEG),超纯水,无水乙醇,Tris 缓冲液(pH = 8.5),盐酸多巴胺(DA)。

五、实验步骤

(1)称取质量为 0.75 g 的 $KMnO_4$ 分散到 30 mL 甲酰胺中,在磁力搅拌下获得澄清溶液。

(2)缓慢向溶液中加入 48 mL 含有 3.2 g 聚乙二醇(PEG)的水溶液,在 80 ℃ 下搅拌 10 min。

(3)将混合物密封于高压水热釜中,并分别在 120 ℃、140 ℃、150 ℃、160 ℃ 和 180 ℃ 下保持 14 h。

(4)反应结束后自然冷却至室温,用超纯水和乙醇将沉淀物交替洗涤数次,并在 80 ℃ 的真空干燥箱中放置 12 h。

(5)将 0.1 g 所制备的 Mn_3O_4 粉末在 10 mmol·L^{-1} Tris 缓冲液(pH = 8.5)中超声处理 0.5 h。

(6)将盐酸多巴胺(DA)加入混合物(2 mg·mL^{-1})中并在室温下搅拌 12 h。

(7)收集棕色产物并用超纯水和乙醇离心冲洗数次,然后在 80 ℃ 下干燥一夜。

(8)将得到的 Mn_3O_4@PDA 复合材料置于石英管式炉中,在 Ar 气氛中 450 ℃ 下灼烧 6 h,加热速率为 1 ℃·min^{-1}。

(9)使用扫描电子显微镜(SEM)对样品的微观形貌进行表征。

(10)工作电极的制备:将所制备的活性物质与 Super P 导电剂和聚偏氟乙烯(PVDF)黏结剂以 8:1:1 的比例混合并研磨成均匀分布的粉末;随后将其分散于 1-甲基-2 吡咯烷酮(NMP)中,于 50 ℃ 下搅拌 6 h 以上得到黑色黏稠浆料。随后将该黏稠浆料置于铜箔上,利用涂膜器将其均匀地涂覆在铜箔上,并置于鼓风烘箱中(60 ℃)干燥 3 h,之后转移至真空干燥箱中于 100 ℃ 下干燥 10 h。待干燥好后,用冲孔器将其冲成直径为 10 mm 的圆形极片,制得工作电极以备使用。

(11)模拟电池的组装:模拟电池在充满氩气的手套箱(水和氧含量均低于 $0.1×10^{-6}$)中进行组装。将聚丙烯薄膜(Cellgard 2400)作为隔膜,金属锂片作为对比电极,将 1 mol·L^{-1} 的 $LiPF_6$ 溶于 1:1:1 的碳酸亚乙酯(EC)、碳酸二乙酯(DEC)、碳酸二甲酯(DMC)混合液作为电解液。组装顺序依次为:负极壳、弹片、垫片、锂片、隔膜、电极片及正极壳。其中隔膜两侧分别滴加 3~4 滴电解液,对于柔性电极需要 6~7 滴电解液。最后,利用扣式电池封口机将电池压制密封,并放置 12 h,待隔膜彻底润湿后,进行后期测试使用。

(12)使用蓝电电池测试系统对工作电极的储锂性能进行测试。

(13)使用电化学工作站对电极的储锂机理进行测试和分析。

六、结果分析与讨论

(1)使用 Origin 软件绘制 XRD 图谱,对样品晶型结构数据进行处理和分析。

（2）使用 Origin 软件绘制循环性能曲线和倍率性能曲线，对储锂性能进行分析。

（3）利用 Origin 软件对循环伏安曲线和电化学阻抗（Electrochemical Impedance Spectroscopy，EIS）曲线进行数据处理、数据分析，绘制数据图，撰写实验报告。

七、操作要点及注意事项

（1）聚乙二醇（PEG）水溶液需缓慢滴加。

（2）高压水热釜需按规范装配并拧紧。

（3）碳化聚多巴胺时需在 Ar 气下进行，充 Ar 气前需抽除空气，并进行三次抽充操作。

八、思考题

（1）在水热反应中，加入聚乙二醇的作用是什么？

（2）在不同温度下，Mn_3O_4 的形貌变化受什么控制？

（3）除了采用热解聚多巴胺进行碳包覆以外，还可用什么方法进行碳包覆？

九、相关阅读

［1］ WANG J Z，DU N，WU H，et al. Order – aligned Mn_3O_4 nanostructures as super high – rate electrodes for rechargeable lithium – ion batteries[J]. Journal of Power Sources，2013，222：32 – 37.

［2］ WANG C B，YIN L W，XIANG D，et al. Uniform carbon layer coated Mn_3O_4 nanorod anodes with improved reversible capacity and cyclic stability for lithium ion batteries[J]. ACS Applied Materials & Interfaces，2012，4（3）：1636 – 1642.

［3］ HUANG H，GAO S，WU A M，et al. Fe_3N constrained inside C nanocages as an anode for Li – ion batteries through postsynthesis nitridation[J]. Nano Energy，2017，31：74 – 83.

参 考 文 献

［1］ 王明月. 过渡金属化合物负极材料的结构设计及其储锂性能研究[D]. 西安：西北工业大学，2020.

［2］ WANG M Y，HUANG Y，ZHANG N，et al. A facile synthesis of controlled Mn_3O_4 hollow polyhedron for high – performance lithium – ion battery anodes[J]. Chemical Engineering Journal，2018，334：2383 – 2391.

实验 8 多孔型 $Zn_xCo_{3-x}O_4$ 中空立方体的制备及储锂性能测试

一、实验目的

(1)熟悉自组装法和热处理制备中空立方体的基本原理、进行的条件和基本操作,了解自组装法的反应原理。

(2)掌握磁力搅拌、抽滤分离、真空干燥、高温煅烧等常用实验方法的原理和基本操作,加强实验动手能力。

(3)掌握多孔型 $Zn_xCo_{3-x}O_4$ 中空立方体材料的制备原理、储锂机理,探究不同钴锌比对储锂性能的影响。

(4)了解比表面积分析仪(Brunauer - Emmett - Teller,BET)、蓝电电池测试系统和电化学工作站的基本原理,掌握其使用方法。

(5)掌握利用 Origin 软件处理数据、分析数据和绘制数据图的方法。

二、实验内容

(1)根据摩尔比计算原料试剂质量,并准确称取试剂。

(2)通过自组装法和热处理制备不同钴锌比的多孔型 $Zn_xCo_{3-x}O_4$ 中空立方体材料。

(3)使用比表面积分析仪(BET)对样品进行表征。

(4)使用蓝电电池测试系统对样品的电化学性能进行测试。

(5)使用电化学工作站,对样品的储锂机理进行测试和分析。

(6)使用 Origin 软件分析数据,绘制循环伏安图、循环性能图、倍率性能图,并对结果进行分析和讨论。

(7)使用 Excel 软件和 Origin 软件分析数据,绘制 N_2 吸附-脱附曲线、孔径分布图、储锂性能图,并对结果进行分析和讨论。

三、实验原理

1. $ZnCo_2O_4$ 材料的特点

$ZnCo_2O_4$ 作为一种常见的尖晶石氧化物,具有较高的导电性和电化学活性,有助于快速电子转移和充足的电化学反应,且其无毒性,价格低廉。在其立方尖晶石结构中,Zn^{2+} 离子占据了四面体位置,而 Co^{2+} 离子占据了八面体位置。由于这两种元素为相互促进的缓冲结构,可减轻由多次脱嵌锂导致的体积膨胀问题,并有利于产生更高且更稳定的可逆容量。另外,除了 $ZnCo_2O_4$ 与 Li 之间的转化反应,Zn 还可以进一步与 Li 发生合金化反应,从而得到额外的容量。

正如我们所熟知的,对材料进行纳米结构(独特的形貌、结晶态和高孔隙率等)设计在提高电极材料电化学性能上起了很大作用。金属有机框架(Metal Organic Frame work,MOF)作为一种结晶的有机-无机杂化材料,具有充足的金属离子和电子有机配体,表现出超高的比表面积、可调节的孔隙率和可控的结构,且具有不同的金属离子(或金属簇)和有机链,可在离子存储过程中作为氧化还原位点,通过模板自组装过程形成具有多孔和特殊结构的功能材料。作为 MOF 家族中重要的一员,沸石咪唑酯框架(Zeolitic Imidazolate Framework,ZIF)具有沸石拓扑结构,并包含由简单的咪唑配体连接的四面体簇,它们具有可观的化学稳定性和丰富的沸石结构多样性,有利于促进电化学反应动力学、缓解体积膨胀效应和提高电化学性能。此外,可控的孔结构和开放的通道有助于锂离子的存储、传导以及负极材料导电率的提高。

2. 反应原理

$ZnCo_2O_4$ 是常见的二元金属氧化物之一,有关 $ZnCo_2O_4$ 结构设计的研究已有诸多报道。以 MOF 作为前驱体对金属化合物进行结构设计被认为是一种高效、简便的制备策略。如 Chen 等以 ZIF-8 和 ZIF-67 作为前驱体,通过热解法制备了核壳型 ZnO 基纳米复合材料,并对其微观结构的形成机理进行了深入的研究和探讨。

在本实验中,以 Co^{2+}、Zn^{2+} 和 2-甲基咪唑为原料,以十六烷基三甲基溴化铵(CTAB)为表面活性剂,采用简单的自组装法和热处理制备多孔型 $Zn_xCo_{3-x}O_4$ 中空立方体材料。通过控制原料投入比制得具有不同钴锌比的 $Zn_xCo_{3-x}O_4$ 二元金属氧化物材料,考察钴锌比例对储锂性能的影响。

本实验反应原理如下:在室温下,2-甲基咪唑迅速与 Co^{2+} 和 Zn^{2+} 发生反应,生成 ZIF 前驱体,在此过程中,CTAB 吸附在疏水面,从而影响该面的生长速率,进而控制 ZIF 前驱体的形貌和尺寸。经热处理后,有机配体发生氧化热解,形成多孔型 $Zn_xCo_{3-x}O_4$ 中空立方体材料。制备流程示意图如图 8-1 所示。

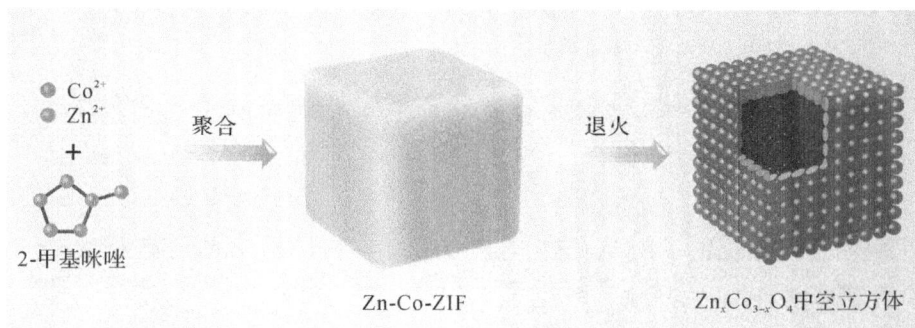

图 8-1　多孔型 $Zn_xCo_{3-x}O_4$ 中空立方体的制备流程示意图

3. $Zn_xCo_{3-x}O_4$ 材料储锂机理

$Zn_xCo_{3-x}O_4$ 电极优异的电化学性能可归功于以下三个方面。第一,由 ZIF 框架构建的负极材料具有独特的中空立方体结构,其强壮的构架可有效地抵抗由锂离子嵌入和脱出产生的应力,且其内部中空结构可适应体积膨胀效应,并为锂离子的存储提供足够的空间。第二,Zn 和 Co 两种金属可产生协同效应,这可有效地提高电极材料的导电性和电化学性能。第三,孔结构为锂离子提供了更多便利的通道,有助于快速充电和放电。为了更好地理解 $Zn_xCo_{3-x}O_4$ 在锂离子电池的充放电机理,图 8-2 给出电池充放电示意图。在首次放电时,$Zn_xCo_{3-x}O_4$ 被还原为金属 Zn 和 Co,生成的 Zn 与 Li 进一步发生合金化反应,形成 Li-Zn 合金;在充电过程中,Li-Zn 合金发生去合金化反应,生成金属 Zn,金属 Zn 和 Co 进一步被氧化为 ZnO 和 Co_3O_4,反应方程式如下:

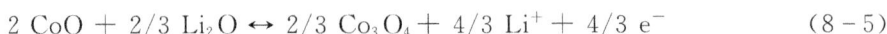

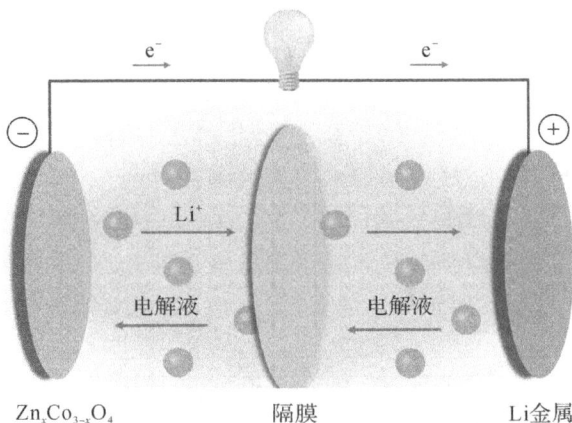

$$Zn_xCo_{3-x}O_4 + 8\,Li^+ + 8\,e^- \longrightarrow x\,Zn + (3-x)\,Co + 4\,Li_2O \qquad (8-1)$$

$$Zn + Li^+ + e^- \leftrightarrow LiZn \qquad (8-2)$$

$$Zn + Li_2O \leftrightarrow ZnO + 2\,Li^+ + 2\,e^- \qquad (8-3)$$

$$2\,Co + 2\,Li_2O \leftrightarrow 2\,CoO + 4\,Li^+ + 4\,e^- \qquad (8-4)$$

$$2\,CoO + 2/3\,Li_2O \leftrightarrow 2/3\,Co_3O_4 + 4/3\,Li^+ + 4/3\,e^- \qquad (8-5)$$

图 8-2　$Zn_xCo_{3-x}O_4$ 负极的充放电示意图

四、仪器与试剂

1. 实验仪器及设备

电子分析天平,磁力搅拌器,高速离心机,真空干燥箱,马弗炉,比表面积分析仪(BET),电化学工作站,蓝电电池测试系统。

2. 试剂及材料

十六烷基三甲基溴化铵,六水合硝酸锌[$Zn(NO_3)_2 \cdot 6H_2O$],六水合硝酸钴[$Co(NO_3)_2 \cdot 6H_2O$],2-甲基咪唑,超纯水,无水乙醇。

五、实验步骤

(1)称取 4 mg 十六烷基三甲基溴化铵并充分溶解于 8 mL 超纯水中,获得澄清溶液。

(2)在大力搅拌下,称取 0.8 mmol $Zn(NO_3)_2 \cdot 6H_2O$ 和 $Co(NO_3)_2 \cdot 6H_2O$ 并按一定 Co/Zn 摩尔比加到上述混合液中。

（3）缓慢滴加 56 mL 2-甲基咪唑水溶液（含 3.6 g 2-甲基咪唑），常温下搅拌 20 min。

（4）利用抽滤反复冲洗并收集所得紫色产物，得到 ZIF 前驱体。

（5）将产物置于真空干燥箱中，在 60 ℃下干燥 12 h。

（6）将烘干产物在空气中灼烧 2 h（升温速率为 3℃·min^{-1}），得到 $Zn_xCo_{3-x}O_4$ 中空立方体材料。

（7）使用比表面积分析仪（BET）对样品的比表面积和孔隙率进行表征。

（8）工作电极的制备：将所制备的活性物质与 Super P 导电剂和聚偏氟乙烯（PVDF）黏结剂以 8∶1∶1 的比例混合并研磨至形成均匀分布的粉末；随后将其分散于 1-甲基-2 吡咯烷酮（NMP）中，于 50 ℃下搅拌 6 h 以上得到黑色黏稠浆料。随后将该黏稠浆料置于铜箔上，利用涂膜器将其均匀地涂覆在铜箔上，并置于鼓风烘箱中（60 ℃）干燥 3 h，之后转移至真空干燥箱中，水和于 100 ℃下干燥 10 h。待干燥好后，用冲孔器将其冲成 ϕ10 mm 的圆形极片，制得工作电极以备使用。

（9）模拟电池的组装：模拟电池在充满氩气的手套箱（水和氧含量均低于 0.1×10^{-6}）中进行组装。其中将聚丙烯薄膜（Cellgard 2400）作为隔膜，金属锂片作为对比电极，将 1 mol·L^{-1} 的 $LiPF_6$ 溶于 1∶1∶1 比例的碳酸亚乙酯（EC）、碳酸二乙酯（DEC）、碳酸二甲酯（DMC）的混合液中作为电解液，组装顺序依次为：负极壳、弹片、垫片、锂片、隔膜、电极片及正极壳。其中，隔膜两侧分别滴加 3～4 滴电解液，对于柔性电极需要 6～7 滴电解液。最后，利用扣式电池封口机将电池压制密封，并放置 12 h，待隔膜彻底润湿后，进行后期测试使用。

（10）使用蓝电电池测试系统对工作电极的储锂性能进行测试。

（11）使用电化学工作站对电极的储锂机理进行测试和分析。

六、结果分析与讨论

（1）使用 Origin 软件绘制 N_2 吸附-脱附曲线和孔径分布图，对样品的比表面积和孔径分布进行数据处理和分析。

（2）使用 Origin 软件绘制循环性能曲线和倍率性能曲线，对储锂性能进行分析。

（3）利用 Origin 软件对循环伏安曲线、EIS 曲线进行数据处理和分析，绘制数据图，撰写实验报告。

七、操作要点及注意事项

（1）2-甲基咪唑水溶液需缓慢滴加。

（2）抽滤洗涤需进行多次，直至洗涤废液呈中性。

八、思考题

（1）加入的钴锌比和产物的钴锌比一致吗？

（2）热处理温度是如何影响材料的比表面积和孔隙率的？

（3）为什么 2-甲基咪唑需制备水溶液后再加入？

九、相关阅读

［1］GUO L Y，RU Q，SONG X，et al. Pineapple – shaped $ZnCo_2O_4$ microspheres as anode materials for lithium ion batteries with prominent rate performance［J］. Journal of Materials Chemistry A，2015，3：8683 – 8692.

［2］SHEN L S，SONG H W，YANG G Z，et al. Hollow ball – in – ball $Co_xFe_{3-x}O_4$ nanostructures：high – performance anode materials for lithium – ion battery［J］. ACS Applied Materials Interfaces，2015，7：11063.

［3］ZHOU Q，ZHAO Q D，XIONG W，et al. Hollow porous zinc cobaltate nanocubes photocatalyst derived from bimetallic zeolitic imidazolate frameworks towards enhanced gaseous toluene degradation［J］. Journal of Colloid Interface Sciences，2018，516：76.

［4］CHEN H R，SHEN K，CHEN J Y，et al. Hollow – ZIF – templated formation of a ZnO@C – N – Co core – shell nanostructure for highly efficient pollutant photo-degradation［J］. Journal of Materials Chemistry A，2017，5：9937.

参 考 文 献

［1］王明月. 过渡金属化合物负极材料的结构设计及其储锂性能研究［D］. 西安：西北工业大学，2020.

［2］WANG M Y，HUANG Y，ZHU Y D，et al. Synthesis of porous $Zn_xCo_{3-x}O_4$ hollow nanoboxes derived from metal – organic frameworks for lithium and sodium storage［J］. Electrochimica Acta，2020，335：135694.

实验 9　锂电负极材料纽扣电池组装

一、实验目的

(1)学习混料、涂膜和极片的制备方法。

(2)掌握模拟电池的组装流程。

(3)掌握手套箱的使用方法、基本操作及注意事项。

(4)学习扣式电池封口机的使用方法。

二、实验内容

(1)将电极材料、导电剂和黏结剂在溶剂中混合均匀后涂于基底表面,利用极片模具将其冲压成直径为 10 mm 的电极极片,压实并称重后置于手套箱中待组装模拟电池时使用。

(2)掌握手套箱的使用方法和注意事项,并练习动手操作能力。在手套箱中进行模拟电池的组装和封口。

三、实验原理

锂离子电池的基本工作原理与其他化学电源有明显区别,它基于锂离子嵌入-脱出反应而非常见的氧化-还原反应。嵌入-脱出反应,是指作为宿体的小分子或者离子可逆地从主体材料中嵌入或者脱出,而整个过程中主体材料的结构保持相对稳定。如图 9-1 所示,锂离子电池在充电时,锂离子从正极中脱嵌,经电解液穿越隔膜嵌入负极,而电子则从正极通过外电路传输到负极;反之,电池放电时,锂离子从负极中脱嵌,经电解液穿越隔膜重新嵌入正极,电子则通过外电路从负极传输到正极。

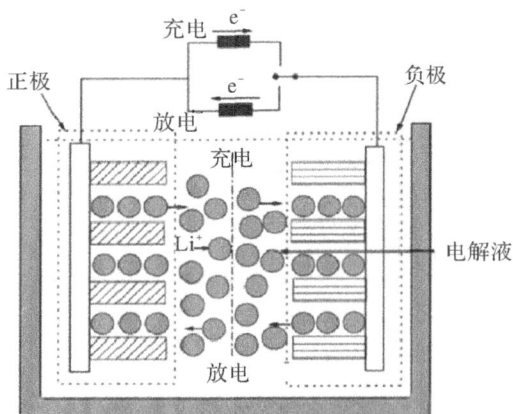

图 9-1　锂离子电池的充放电原理示意图

四、仪器与试剂

1.实验仪器及设备

分析天平,磁力搅拌器,涂膜器,极片模具,手套箱,扣式电池封口机,压片机,烘箱,离心机,真空干燥箱,烧杯,玛瑙研钵。

2. 试剂及材料

制备的负极材料(作为活性材料),导电炭黑,聚偏氟乙烯(PVDF),N-甲基吡咯烷酮(NMP),铝箔,电解液(LiPF$_6$+体积比为1∶1的EC/DMC),正极壳,负极壳,隔膜,垫片。

五、实验步骤

1. 工作电极即负极片的制备

(1)以质量比为6.5∶1∶2.5,称取制备的负极材料、导电炭黑和黏结剂聚偏氟乙烯(PVDF),并将其溶解于N-甲基吡咯烷酮(NMP),调成浆料,搅拌4～8 h,得到均匀的黑色浆状物。

(2)使用涂膜器将上一步所制备的浆状物均匀涂布于铜箔表面。

(3)将所制成的负极材料涂层先置于鼓风干燥箱中烘干至无明显水分,而后转移至真空干燥箱中,在90 ℃下干燥12 h。

(4)用直径为10 mm的冲头将电极片切片,通过压片机采用10～30 MPa压强压片后,再放置于60 ℃的真空烘箱中除去极片中所携带的水分。

(5)用切片机将隔膜裁剪成直径18 mm的圆形隔膜,注意不要用手直接拿取。

(6)称重电极片得出质量A,并称取10个直径10 mm的圆形铜箔片,取平均值得出单个铜箔片质量B,然后计算所涂活性物质质量$C=(A-B)\times0.65$。

(7)将称重后的电极片烘干。将要送入手套箱中的所有材料准备好放在盘中,如电池壳、隔膜、电极片、滴管、镊子、卫生纸等;然后准备送入手套箱中。

2. 锂离子负极材料纽扣电池组装

锂离子电池的组装在无水、无氧的氩气气氛手套箱中完成。

(1)将烘干后的电极片、电池壳、隔膜等送入手套箱中(本实验所使用的手套箱为威格高纯气体设备科技有限公司生产的SG2460/750TS)。

(2)使用CR2016扣式电池作为模拟电池,以相应大小的锂金属圆片为对电极,以ϕ18 mm的Ceigard2300聚丙烯微孔膜为隔膜,以1 mol·L^{-1} LiPF$_6$的碳酸乙烯酯(EC)、碳酸二甲酯(DMC)的混合溶液(EC∶DMC=1∶1,体积比)为电解液。按顺序将正极片、电解液(2滴)、隔膜、电解液(2滴)、负极片、垫片、弹片依次放入电池正极壳中,盖上电池负极壳。

(3)用电池封口机将电池加压至3MPa,密封。

(4)擦干电池外壳残余的电解液,放置2 h以上,待测。

六、结果分析与讨论

使用电压表对组装好的锂离子纽扣电池进行检测,观察电压是否正常,从而判断锂电负极材料纽扣电池是否能正常工作。

七、操作要点及注意事项

(1)所使用的活性物质粉末要尽量细腻,并与导电炭黑混合充分,否则制备的膜颗粒不均,影响测试。

(2)用于涂膜的浆料黏稠度要适中,避免膜厚度过厚或过薄而影响测试。

（3）使用手套箱时要严格按照操作规范进行，避免氧气进入。

（4）使用电池封口机封口时要保证正、负极壳完全对齐，并正确放入凹槽内，否则可能对封口机和电池造成损坏。

八、思考题

（1）在制备浆料时使用的导电炭黑与 PVDF 各自起到什么作用？

（2）在称取铜箔时为什么要称量 10 个再取平均值？

（3）在组装电池的过程中电解液加了几次？为什么？

九、相关阅读

[1] 闫金定.锂离子电池发展现状及其前景分析[J].航空学报，2014，35(10)：2767－2775.

[2] 盛英卓，苏庆，张振兴.锂离子纽扣电池的组装及性能测试实验设计[J].高校实验室工作研究，2018（3）：42－45.

参 考 文 献

[1] ZHU Y D，HUANG Y，WANG M Y，et al. Novel carbon coated core－shell hetero-structure $NiCo_2O_4$@NiO grown on carbon cloth as flexible lithium－ion battery anodes [J]. Ceramics International，2018，44：21690－21698.

[2] 余萌，丰震河，黄英，等. 锂离子电池柔性电极材料的研究进展[J]. 材料开发与应用，2018，33(4)：118－125.

实验 10　锂离子电池循环性能测定

一、实验目的

(1)了解常见的锂离子电池的结构及其工作原理。

(2)熟悉锂离子电池循环性能的概念,掌握锂离子电池循环性能的测试方法及原理。

(3)了解蓝电电池测试系统的工作原理,掌握其基本操作方法并熟悉其基本参数的设定。

(4)掌握锂离子电池电化学性能测试数据(包括对循环稳定性、倍率性能及首次库仑效率的分析)的处理方法。

(5)了解电极材料的微观形貌及结构对锂离子电池电化学性能的影响规律。

二、实验内容

(1)将组装好并静置过的电池擦拭干净,分清正、负极并将其固定在蓝电电池测试仪的夹子上,注意避免正、负极短路。

(2)设定循环与倍率性能测试的程序参数,运行程序以进行数据测试。

(3)将测试好的数据导出并用 Origin 软件绘图。

(4)根据绘制好的图形分析所测定锂离子电池的循环稳定性、倍率性能以及首次库仑效率等电化学性能。

三、实验原理

1. 锂离子电池的工作原理

锂离子电池和所有的化学电源一样,主要由正极、负极和电解质三部分组成。

锂离子电池实际上是锂浓差电池,正、负电极由两种不同的锂离子嵌入化合物组成。充电时,Li^+ 从正极脱嵌经过电解质嵌入负极,负极处于富锂态,正极处于贫锂态,同时电子的补偿电荷从外电路供给到负极,保证负极的电荷平衡。放电时则相反,Li^+ 从负极脱嵌,经过电解质嵌入正极,正极处于富锂态,如图 10-1 所示。

2. 蓝电电池测试系统的工作原理

蓝电电池测试系统是针对锂离子、镍氢及镍镉等电池的通用性测试而研制的新一代电池测试系统。当锂离子电池的充电电压少于额定(国内厂家一般为 4.2 V)0.1 V 就会导致充电不足,约少充 15% 的电量,而当充电电压超过额定 0.1 V 时又会引起过充,使得锂离子溢出过多,正极材料的稳定性会被破坏而发生结构坍塌,阻塞电池放电时锂离子返回正极的通道。过充还会使得锂离子电池内部温度过高,易发生剧烈的化学反应。这都会造成电池永久性的损坏。为避免这种现象的出现,在电池充电过程中必须采用限制充电电压的方法来控制电池正极锂离子的溢出量。同理,锂离子在放电过程中也不能过度放电,必须设定一个放电终止电压。为此,蓝电电池测试系统专门为每一个电池通道增加设置了独立的硬件恒压源,同恒流源一样,恒压源也是可以任意编程控制的,如图 10-2 所示。

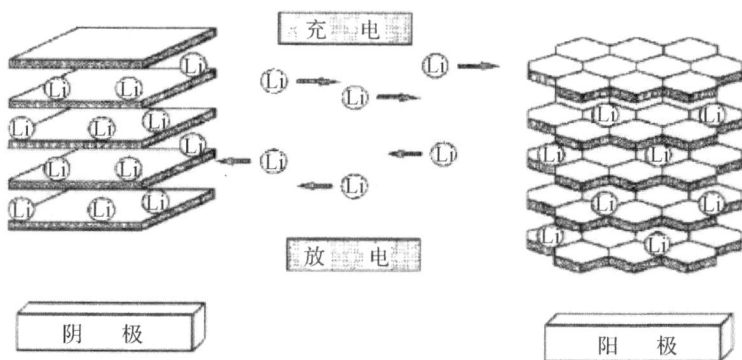

图 10-1 锂离子电池充放电示意图

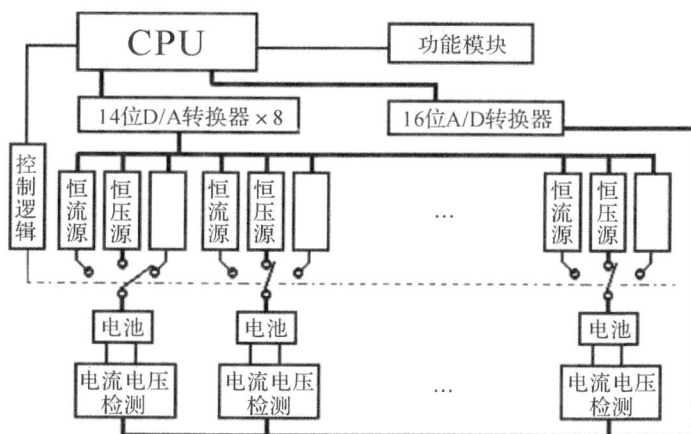

图 10-2　蓝电电池测试系统内模块结构原理示意图

四、仪器与试剂

组装好的锂离子电池,蓝电测试仪,配套的电脑。

五、实验步骤

(1)将静置后的锂离子电池擦拭干净后固定在蓝电电池测试仪上,注意避免正负极短路;打开蓝电电池测试系统。

(2)从电脑上启动对应软件,确认已连接的通道。

(3)循环性能测试程序设定:首先确定所组装的纽扣电池中活性物质的质量,然后选择合适的电流密度,如 0.05 A/g、0.1 A/g、0.2 A/g 等,一般选择 0.1 A/g 电流密度,此时用活性物质质量(单位:mg)乘以电流密度即可得到所设定的电流(如 0.5 mg 活性物质在 0.1 A/g 电流密度下所需电流为 0.1 A/g×0.5 mg＝0.05 mA)。之后在程序中设定放电电流与充电电流。

(4)倍率性能测试程序设定:首先确定所组装的纽扣电池中活性物质的质量,然后选择不同的倍率(一般为 0.05 A/g、0.1 A/g、0.2 A/g、0.5 A/g、1 A/g、2 A/g、5 A/g、10 A/g)。同样,按照(3)中的计算方法计算出所需电流,然后设定程序每 10 次循环为一个倍率下的充电与放电电流,按顺序设定好 90 次循环的电流即可。

(5)测试程序设定成功后应设置该数据的命名与储存的位置,并填写活性物质质量。

(6)测试结束后导出数据并使用 Origin 软件绘图。

(7)根据绘制出的循环次数-容量图分析所测电池的循环性能。

六、结果分析与讨论

(1)对导出的数据进行分析、处理、选择合适的数据,使用 Origin 软件绘制首次充放电性能、不同电流密度下充放电性能及循环次数-容量等电化学性能曲线。

(2)根据绘制的循环次数-容量曲线分析所测电池的循环性能,并与文献、资料进行对比。

七、操作要点及注意事项

(1)在对循环与倍率性能测试的过程中,除了电流参数的设定外,请勿修改其他参数,否则会使程序运行出错。

(2)在设定倍率性能时,要注意测试通道的电流量程,若活性物质质量过大,导致 10 A/g的电流密度下电流超过量程,则可将其舍去,以使程序正常运行。

(3)在程序设定好后,应当及时输入活性物质质量。可在后续查看循环比容量。

八、思考题

(1)循环性能测试与倍率性能测试的目的分别是什么?

(2)循环与倍率性能的数据中首圈充放电容量相差较大的原因是什么?

九、相关阅读

[1] ZHU Y, HUANG Y, WANG M, et al. Three－dimensional hierarchical porous MnCo$_2$O$_4$@MnO$_2$ network towards highly reversible lithium storage by unique structure[J]. Chemical Engineering Journal, 2019, 378: 122207.

[2] WANG M, HUANG Y, WANG K, et al. PVD synthesis of binder－free silicon and carbon coated 3D α－Fe$_2$O$_3$ nanorods hybrid films as high－capacity and long－life anode for flexible lithium－ion batteries[J]. Energy, 2018, 164: 1021－1029.

[3] WANG K, HUANG Y, WANG M, et al. PVD amorphous carbon coated 3D NiCo$_2$O$_4$ on carbon cloth as flexible electrode for both sodium and lithium storage[J]. Carbon, 2017, 125: 375－383.

［4］王明月. 过渡金属化合物负极材料的结构设计及其储锂性能研究［D］. 西安：西北工业大学，2020.

参 考 文 献

［1］ TOBISHIMA S，TAKEI K，SAKURAI Y，et al. Lithium‐ion cell safety［J］. Power Sources，2000，90(2)：188－195.

［2］高晓清，汶晓勇，伍璇. 锂离子电池充放电性能的检测与分析［J］. 电源技术，2015，39(8)：1643－1644.

实验 11　锂离子电池动力学特性测定

一、实验目的

(1)掌握电化学工作站的基本操作及其常规参数的设定。

(2)学习对循环伏安曲线的分析方法,了解所发生的电化学反应。

(3)掌握阻抗数据的处理及分析方法,同时学习阻抗数据处理软件(Zview)的基本操作。

二、实验内容

(1)掌握模拟电池在电化学工作站上的安装方法,对动力学特性的基本参数进行设定,并进行测试。

(2)学习利用循环伏安曲线分析其内部电化学反应及 SEI 膜产生的方法,利用 Zview 软件对阻抗曲线进行电路图模拟,分析溶液电阻及电子传递电阻等的阻值大小及其影响因素。

三、实验原理

1.循环伏安法

循环伏安法(Cyclic Voltammetry,CV)是一种常用的电化学研究方法。该方法是指在电极上施加一个以恒定的速度变化的扫描电势,记录电流-电势曲线。根据曲线形状可以判断电极反应的可逆程度,中间体、相界吸附或新相形成的可能性,以及偶联化学反应的性质等。常用循环伏安法来测量电极反应参数,判断其控制步骤和反应机理,并观察整个电势扫描范围内可发生哪些反应及其性质。对于一个新的电化学体系,首选的研究方法往往就是循环伏安法,可称之为"电化学的谱图"。

电压从负到正可以看作是正向扫描,为阳极氧化过程,对应氧化峰;反之为负向扫描,为阴极还原过程,对应还原峰。因此判断循环伏安图上的峰是氧化峰还是还原峰,并不是看峰电流是正还是负,而是看扫描电位的变化。电位从低到高是氧化过程,亦称为正向扫描(positive);从高到低是还原过程,亦称为负向扫描(negative)。

还原峰(向上的峰)峰电位越正,峰电流越大,越容易还原;氧化峰(向下的峰)峰电位越负,峰电流越大,越容易

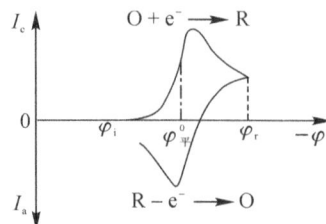

图 11-1　CV 扫描电流响应曲线

氧化。

2. 电化学阻抗谱(Electrochemical Impedance Spectroscopy,EIS)

给电化学系统施加一个频率不同的小振幅的交流正弦电势波,测量交流电势与电流信号的比值(系统的阻抗)随正弦波频率 ω 的变化,或者是阻抗的相位角 f 随 ω 的变化。

可以更直观地从图 11-2 来看,利用波形发生器,产生一个小幅正弦电势信号,通过恒电位仪,施加到电化学系统上,将输出的电流/电势信号进行转换,再利用锁相放大器或频谱分析仪,输出阻抗及其模量或相位角。通过改变正弦波的频率,可获得一系列频率下的阻抗、阻抗的模量和相位角,作图即得电化学阻抗谱。这种方法就称为电化学阻抗谱法。由于扰动电信号是交流信号,所以电化学阻抗谱也叫作交流阻抗谱。

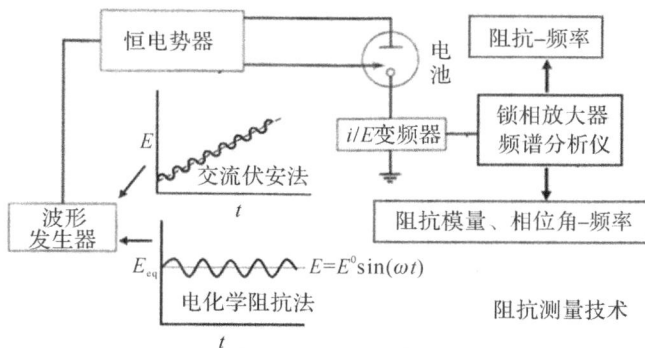

图 11-2　阻抗测定示意图

利用 EIS 可以分析电极过程动力学、双电层和扩散等,可以研究电极材料、固体电解质、导电高分子以及腐蚀防护机理等。综合国内外的研究,锂离子电池的阻抗谱大致包含四部分,如图 11-3 所示。

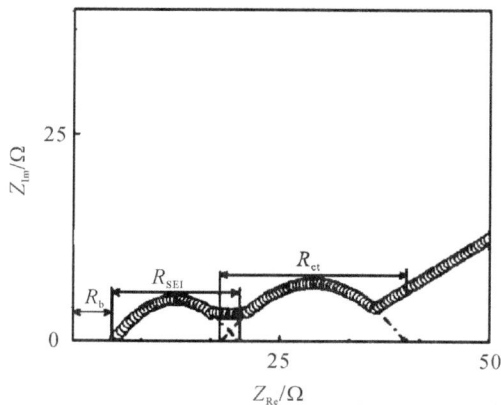

图 11-3　锂离子电池的阻抗谱

图 11-3 中,横坐标 Z_{Re} 为阻抗的实部,纵坐标 Z_{Im} 为阻抗的虚部。其他各部分含义如下所述。①第一部分为超高频部分,阻抗曲线与横轴相交部分:欧姆阻抗 R_b;②第二部分为高频部分,半圆:锂离子通过固体电解质阻抗 R_{SEI};③第三部分为中频部分,半圆:电荷传递阻抗,也称为电极极化阻抗 R_{ct};④第四部分为低频部分,45°直线:锂离子扩散阻抗,也称为浓

差极化阻抗 W。

锂离子电池是一个可以理解为包含电阻、电感和电容的电路系统，等效模型的建立就是把电池简化为一个电路系统，从而模拟电化学系统中的变化过程。常用的锂离子电池等效电路模型如图 11-4 所示。

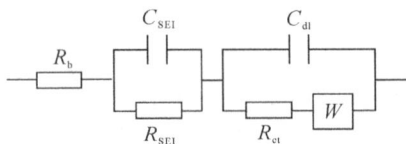

图 11-4　锂离子电池等效电路模型

锂离子电池等效电路模型中，各阻抗成分与阻抗谱中各频率阻抗成分相对应。R_b 表示欧姆阻抗；R_{SEI} 和 C_{SEI} 表示 SEI 膜的电阻和电容，与高频部分的半圆对应；R_{ct} 和 C_{dl} 分别代表电荷传递电阻和电双层电容，与中频部分半圆对应；W 为 Warburg 阻抗，即锂离子在电极材料中的扩散阻抗，在复平面上用与实轴成 $45°$ 的直线表示。

四、仪器

美国 Gamry 电化学仪器公司的 Interface1000 电化学工作站，扣式电池。

五、实验步骤

1. 循环伏安法测试

此处以美国 Gamry 电化学仪器公司的 Interface1000 电化学工作站为例进行参数设置，选择测试方法为循环伏安法（Cyclic Voltammetry），打开设备后根据所组装的电池设置参数，随后开始测试。

对于可逆性好的体系，设定的时候，初始设定为开路电压。为了得到闭合环，截止电压应与初始电压一致，扫描方向跟材料有关，第一步发生氧化反应，也就是脱锂，应该正向扫描，反之负向扫描。这种设定方式多见于正极材料。

对于可逆性不好的体系，其循环伏安曲线按上述的方法设定，曲线不一定闭合。因此，设定时根据第一步是还原还是氧化，分别设定成高电位或者低电位，此时扫描方向已经确定，无需进行选择。

2. 交流阻抗测试

此处以美国 Gamry 电化学仪器公司的 Interface1000 电化学工作站为例进行参数设置，选择阻抗测试方法，打开设备后根据所组装的电池进行参数设置，随后开始测试。

六、结果分析与讨论

(1)使用 Origin 软件绘制循环伏安曲线，对曲线进行分析。

(2)使用 Origin 软件绘制 EIS 曲线，采用 Zview 软件计算样品的 R_b、R_{SEI} 和 R_{ct}，并描述各个电阻产生的原因。

七、操作要点及注意事项

(1)在夹电池时要确定电池的正、负极处于正确的位置。
(2)在循环伏安测试与交流阻抗测试时根据需要正确设定参数。

八、思考题

(1)循环伏安测试时扫描速率过快或过慢各有什么优点和缺点?
(2)循环伏安和交流阻抗测试的目的分别是什么?

九、相关阅读

[1] 陈雪芳. 锂离子电池锡、硅基负极材料的形貌调控及复合设计对其电化学性能的影响[D]. 西安：西北工业大学，2020.

[2] HUANG Y，LIN Z，ZHENG M，et al. Amorphous Fe_2O_3 nanoshells coated on carbonized bacterial cellulose nanofibers as a flexible anode for high－performance lithium ion batteries[J]. Journal of Power Sources，2016，307：649－656.

[3] CHEN X，HUANG Y，ZHANG K，et al. Synthesis and high－performance of carbonaceous polypyrrole nanotubes coated with SnS_2 nanosheets anode materials for lithium ion batteries[J]. Chemical Engineering Journal，2017，330：470－479.

参 考 文 献

[1] TANG K，YU X Q，SUN J P，et al. Kinetic analysis on $LiFePO_4$ thin films by CV，GITT and EIS[J]. Electrochimica Acta，2011，56(13)：4869－4875.

[2] 腾屿昭，相译益男，井上徹. 电化学测定方法[M]. 陈震，姚建年，译. 北京：北京大学出版社，1995.

[3] 巴德，福克纳. 电化学法原理及应用[M]. 邵元华，朱果逸，董献堆，等译. 北京：化学工业出版社，2015.

实验 12 硫/多孔中空碳气凝胶正极的制备及电化学性能测试

一、实验目的

(1)熟悉碳酸钙模板法制备多孔中空碳气凝胶的基本原理、进行的条件和基本操作,了解溶胶-凝胶法的反应原理。

(2)掌握产物洗涤、浆料黏度测试和管式炉、手套箱及电池组装等常用实验方法和设备的原理和基本操作,加强实验动手能力。

(3)了解碳气凝胶,掌握硫/碳气凝胶电极材料的制备原理、硫正极充放电机理,探究不同硫负载量对电化学性能的影响。

(4)了解 X 射线衍射仪(XRD)、蓝电、电化学工作站的基本原理,掌握其使用方法。

(5)掌握利用 Origin 软件处理数据、分析数据和绘制数据图的方法。

二、实验内容

(1)根据摩尔比计算原料试剂质量,并准确称取试剂。

(2)通过溶胶-凝胶、常压干燥及高温煅烧工艺,制备含有碳酸钙模板的碳气凝胶和不含有碳酸钙模板的碳气凝胶。

(3)使用比表面积分析仪(BET)对两种样品结构进行表征。

(4)使用热重分析仪(TGA)对样品硫含量进行测试。

(5)使用蓝电、电化学工作站等电化学分析仪对硫正极进行充放电测试。

(6)使用 Excel 软件和 Origin 软件分析数据,绘制 BET 图、循环伏安曲线图、倍率性能图、循环性能图,并对结果进行分析和讨论。

三、实验原理

1. 碳气凝胶

碳气凝胶是一种新型的多孔纳米材料,其特点是比表面积大、电导率高,并具有可调的微观结构,在电学、热学、光学领域有着广泛的应用前景,近年来得到了研究者的青睐。一般而言,碳气凝胶的制备主要以间苯二酚甲醛或糠醛为原料,以碳酸钠为催化剂,经过缩聚反应形成 RF(间苯二酚 Resorcinol 和糠醛 2 - Furaldehyde 的首写母组合)湿凝胶,通过超临界干燥脱出孔隙内溶剂获得 RF 干凝胶,通过调控单体、催化剂浓度以及溶剂比例来调控结构,最后在惰性气体氛围下,煅烧 RF 干凝胶获得碳气凝胶。因此,针对不同领域对基体材料的特殊需求,可采用不同方法制备满足需求的碳气凝胶。研究者通过掺杂的方式为碳气凝胶引入金属化合物来固定多硫化物,得到碳气凝胶/金属化合物/硫三元复合材料,以提升其电化学性能。由相关报道可以看出,良好的碳气凝胶往往具有丰富的孔结构,其高的电子传导性能够促进金属氧化物和硫单质的电子传导。

碳气凝胶一般经过溶胶-凝胶、干燥过程,再经高温碳化得到。其中,为了能够保留凝胶结构,常采用超临界干燥法获得高比表面积的碳气凝胶。然而超临界法造价昂贵,不利于碳气凝胶的推广和应用。因此,通过改性有机凝胶的结构来减小体积收缩,并往往采用常压干燥法获得多孔碳气凝胶。

2.反应原理

为了制备一种适合锂硫电池体系的碳气凝胶,本实验借助 $CaCO_3$ 模板法对碳气凝胶结构进行改性,合成了一种具有三维多孔中空结构的碳气凝胶,并将其作为硫宿主体应用于锂硫电池正极及其隔层,使后者的电化学性能明显提高。

在本实验中,通过溶剂交换、常压干燥、高温煅烧等工艺制备了多孔中空碳气凝胶。在设计的反应体系中,原材料主要包含间苯二酚、糠醛、六次甲基四胺以及碳酸钙。其中,碳酸钙在高温煅烧过程中分解出大量的 CO_2 气体:一方面对碳气凝胶进行刻蚀造孔,形成了多孔导电骨架;另一方面碳酸钙模板形成中空结构,利于形成超轻特点的碳气凝胶,有利于固定硫,提高了正极复合材料的电子传导。同时,氧掺杂的多孔中空碳气凝胶的超高比表面积和孔容有利于促进硫的分散以及杂原子氧在充放电过程中对多硫化锂的吸附。所制备的原位掺杂元素氧的中空碳气凝胶因在碳气凝胶/硫复合材料中具有高的硫含量、高的硫负载量以及丰富的微孔结构而具有高的硫利用率。相应地,正极因有效地锚定在电解液中的多硫化锂而表现出优异的循环稳定性和倍率性能。本实验探索了掺杂元素与孔隙分布的关系,通过研究系列电池的循环伏安、倍率性能、库仑效率等电化学参数,分析了碳气凝胶的微观结构对锂硫电池电化学性能的影响。

本实验反应原理如下:以六次甲基四胺作为有机碱性催化剂,利用间苯二酚和糠醛作为碳前体直接包覆碳酸钙,进行缩合反应形成三维交联结构。由于在干燥过程中的去溶剂化效果,凝胶自身形成多孔网络结构,经碳化依然保持着多孔三维结构。凝胶缩合反应方程式如下:

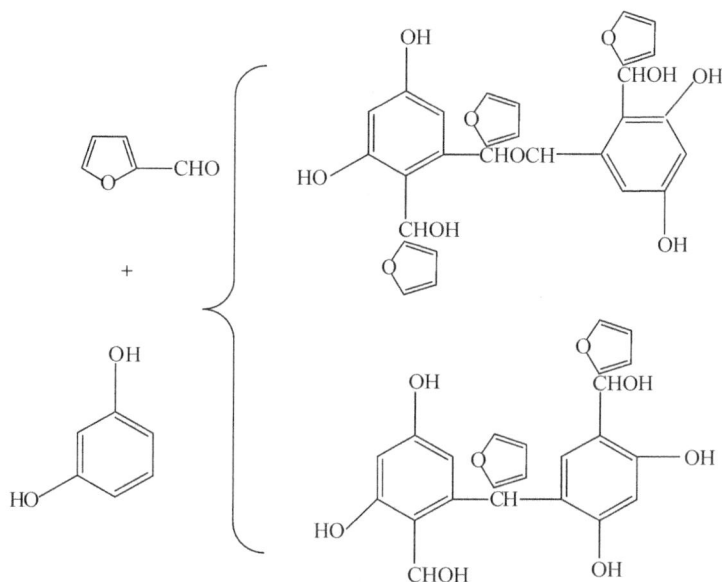

3. 硫/多孔中空碳气凝胶正极的充放电机理

与锂离子电池组成基本相同,锂硫电池以碳硫复合材料为正极,以多孔聚乙烯膜和聚丙烯膜为隔膜(改性隔膜),以金属锂为负极及添加醚类的有机液为电解液。与传统锂离子电池的锂离子脱嵌式反应机理相比较,锂硫电池的充放电过程是基于硫单质和锂金属之间复杂的多电子氧化还原反应的。在自然界中,升华硫实际上以 8 个硫原子的环状形式存在,在未放电的初始过程中,是满电态。因此,在锂硫电池的整个放电过程中,先发生放电过程。在电场作用下,金属锂负极失去电子,被氧化为锂离子。失去的电子经过外电路转移至硫正极,被氧化的锂离子经过电解液也迁移至硫正极。位于正极的硫单质发生 S—S 键断裂,即 S_8 的环状结构打开,与电解液中的锂离子发生多电子反应,最终形成硫化锂。其总反应方程式如下:

锂负极反应(氧化反应失电子):

$$16Li \rightarrow 16Li^+ + 16e^-$$

硫正极反应(还原反应得电子):

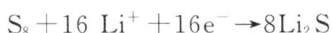

$$S_8 + 16 Li^+ + 16e^- \rightarrow 8Li_2S$$

总电池反应:

$$16Li + S_8 \rightarrow 8Li_2S$$

在锂硫电池所参与的电子反应中,硫单质很容易形成长链多硫化物(Li_2S_n, $4 \leqslant n \leqslant 8$),并进一步被还原为短链多硫化物($Li_2S_n$, $n < 4$),这一过程属于复杂的多电子反应类型。因此,以多孔中空碳气凝胶为硫载体,不仅可以依靠多孔结构将多硫化物限制在正极附近,还可以借助碳气凝胶的含氧官能团辅助多孔结构吸附多硫化物,形成二次利用。此外,由于碳气凝胶具有高的电子传导,可以提高充放电过程中电荷转移效率,从而提高硫正极的放电能力。

四、仪器与试剂

1. 实验仪器及设备

电子分析天平,磁力搅拌器,管式炉,电热鼓风干燥箱,真空干燥箱,蓝电测试仪,电化学工作站,X 射线衍射仪(XRD),热重分析仪(TGA),等等。

2. 试剂及原料

六次甲基四胺,碳酸钙($CaCO_3$),间苯二酚,糠醛,硫代硫酸钠($Na_2S_2O_3 \cdot 5H_2O$),浓盐酸,稀盐酸,乙炔黑,聚偏氟乙烯(PVDF),铝箔,丙酮,N-甲基吡咯烷酮,无水乙醇,超纯水。

五、实验步骤

本实验主要制备了多孔中空碳气凝胶(PHCA)、硫正极(S/PHCA)复合材料以及碳气凝胶隔层,并以所得材料建立了高载硫量的锂硫电池。如图 12-1 所示,基于模板法制备了具有大表面积和孔体积的 PHCA,该模板法以商用纳米 $CaCO_3$ 为模板,并且以间苯二酚和糠醛为碳前体进行包覆。通过高温煅烧、酸洗,获得了多孔中空碳气凝胶。据报道,商用纳米碳酸钙在多孔核壳结构的合成中发挥了重要作用,尤其是在碳化过程中产生的 CO_2 气体,对碳基体进行刻蚀,形成了一种多孔结构,同时高温有助于提高碳材料的石墨化。此外,采用盐酸洗涤含钙元素的化合物,有助于形成中空结构。S/PHCA 复合材料是通过化学沉积和扩散-熔融方法制备的,这种方法有助于活性材料的均匀分布、减小硫颗粒的尺寸、改善锂硫电池的电化学性能、提高硫单质的利用率。

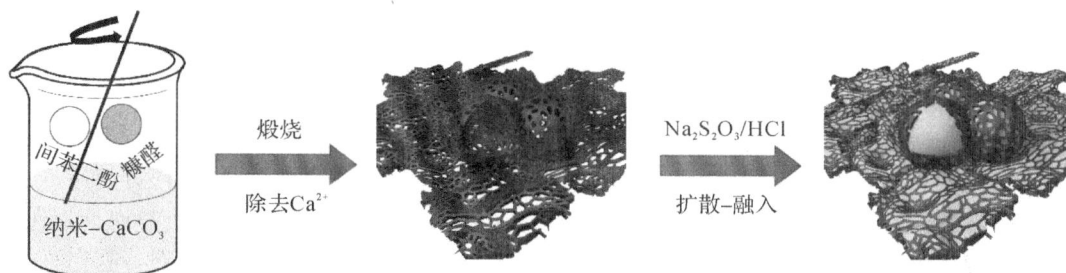

图 12-1　PHCA 及 S/PHCA 复合材料的合成示意图

1. 多孔中空碳气凝胶材料的合成

(1)称取 0.1 g 六次甲基四胺,将其溶于 20 mL 乙醇中。

(2)称取 10 g 商用纳米碳酸钙,加到上述溶液中。

(3)称取 2 g 间苯二酚,与 3 mL 糠醛混合得到 RF 混合液,将其逐滴加入上述溶液,并在 60 ℃密封反应 72 h。

(4)当溶液颜色由黄白色变为棕色时,停止搅拌,静置 1 d 获得棕色有机凝胶,再将其浸泡在丙酮溶剂中 4 d 进一步老化以提高凝胶的交联强度。

(5)在 60 ℃、常压下干燥得到干凝胶。

(6)将干凝胶放入管式炉中,在氩气氛围下,以加热速度 5 ℃·min^{-1}升温至 950 ℃进行碳化,并恒温 5 h,冷却后获得黑色混合物。

(7)将浓盐酸(37%,质量分数)和超纯水以体积比 1:3 进行混合,得到稀盐酸。将黑色混合物与稀盐酸在 70 ℃下反应 1 h 去除模板,用超纯水洗涤数次,将得到的黑色产物在真空干燥箱 60 ℃下干燥。

(8)将干燥后的碳气凝胶继续与 10 g 碳酸钙手动研磨混合均匀,同样条件下进行 5 h 高温碳化,最终获得多孔中空碳气凝胶(PHCA)。同时,在相同条件下合成不含商用纳米碳酸钙的碳气凝胶,并以此作为对比组。

2. 硫/多孔中空碳气凝胶复合材料的制备

(1)通过化学沉积法来制备活性硫,称取 14.887 g Na$_2$S$_2$O$_3$·5H$_2$O 并溶解于 300 mL 超纯水中,称取 0.161 g PHCA 并加到溶液中。

(2)将上述混合物以 1 ℃·min^{-1}的升温速率加热至 70 ℃,向混合物中加入 12 mL 浓盐酸,在 70 ℃条件下恒温 1 h。

(3)将所得产物用去离子水反复洗涤和过滤后,将所得材料在真空干燥箱中干燥 24 h。

(4)使用热重分析仪(TG)测量并计算复合材料中的硫含量(约 92%,质量分数)。之后,一些 PHCA 被嵌入上述复合材料,使复合材料中的硫含量达到约 70%(质量分数)。

(5)将硫含量为 70%(质量分数)的复合材料转移至密封的样品瓶中,用氩气填充。

(6)在 159 ℃下恒温 20 h,然后放入有 500 mL·min^{-1}的氩气流速的管式炉中,以

$5\ ^{\circ}\text{C} \cdot \text{min}^{-1}$ 的升温速率加热至 200 ℃ 并恒温 10 min。

(7)采用热重分析仪(TG)再次测试样品中的剩余硫含量。

3. 电极膜及锂离子电池组装

(1)将 S/PHCA 或 S/CA 复合材料、乙炔黑和 PVDF 黏结剂按质量比 7:2:1 分散在 NMP 溶剂中用来制备浆料。

(2)通过缠有胶带的玻璃棒,将浆料涂覆在集流体铝箔的表面。

(3)将制备的电极膜放入 60 ℃ 真空干燥箱中,干燥过夜,最终将其裁切成直径为 12 mm 的小圆片。

(4)将所有的正极片转移至充有氩气的手套箱内,其中箱内氧气和水分含量被控制在 10×10^{-6} 以下,组装为 CR2016 型纽扣电池。

4. 电化学性能表征

通过对比各类型锂硫电池的电化学性能,分析材料微观结构以及功能化隔层对锂硫电池电化学性能的影响。测试均在室温下完成。

(1)在多通道蓝电测试系统(LAND CT2001A)上,在截止电压范围为 1.7～2.8 V 进行了所有电池的充放电测试。

(2)在美国 Gamry 电化学工作站,以 $0.1\ \text{mV} \cdot \text{s}^{-1}$ 的扫描速度,进行 CV 测试。截止电压范围为 1.7～2.8 V。

(3)在美国 Gamry 电化学工作站,频率为 0.01～100 000 Hz,AC 电压振幅为 5 mV,进行 EIS 谱图测试。

六、结果分析与讨论

(1)使用 Origin 软件绘制 XRD 谱图,并对样品晶型结构进行分析。
(2)使用 Origin 软件绘制循环性能图,并对电化学性能进行分析。
(3)利用 Origin 软件对充放电曲线、倍率性能数据进行处理和分析,绘制数据图,撰写实验报告。

七、操作要点及注意事项

(1)含碳酸钙模板有机凝胶的制备实验凝胶周期长。应注意碳酸钙的沉淀易导致 RF 凝胶包覆不均匀。

(2)电极浆料的制备可延长搅拌时间,使硫单质分散均匀。

(3)正极实验组和对比组的电极硫含量必须接近,方可进行电化学测试。

八、思考题

(1)哪些因素影响多孔中空碳气凝胶的微结构?
(2)电极膜中硫负载如何控制?组装完成的电池是否需要静置再测试?
(3)如何区分酚醛树脂和凝胶化?

九、相关阅读

[1] LI X, ZHAO K, ZHANG L, et al. MoS₂ - decorated coaxial nanocable carbon

aerogel composites as cathode materials for high performance lithium – sulfur batteries[J]. Journal of Alloys and Compounds，2017，692：40 – 48.

［2］QI M，LIANG X，WANG F，et al. Sulfur – impregnated disordered SnO_2/carbon aerogel core – shell microspheres cathode for lithium – sulfur batteries[J]. Journal of Alloys and Compounds，2019，799：345 – 350.

［3］LI X，ZHANG L，DING Z，et al. Ultrafine Nd_2O_3 nanoparticles doped carbon aerogel to immobilize sulfur for high performance lithium – sulfur batteries[J]. Journal of Electroanalytical chemistry，2017，799：617 – 624.

［4］ZHENG Z，WU H，LIU H，et al. Achieving fast and durable lithium storage through amorphous FeP nanoparticles encapsulated in ultrathin 3D P – doped porous carbon nanosheets[J]. ACS Nano，2020，14(8)：9545 – 9561.

［5］WU G，YANG J，WANG D，et al. A novel route for preparing mesoporous carbon aerogels using inorganic templates under ambient drying[J]. Materials Letters，2014，115：1 – 4.

［6］FENG H，ZHANG M，KANG J，et al. Nitrogen and oxygen dual – doped porous carbon derived from natural ficus microcarpas as host for high performance lithium – sulfur batteries[J]. Materials Research Bulletin，2019，113：70 – 76.

参 考 文 献

［1］高小刚. 碳气凝胶的改性及功能化隔层对锂硫电池电化学性能的影响[D]. 西安：西北工业大学，2022.

［2］GAO X，HUANG Y，GAO H，et al. Sulfur double encapsulated in a porous hollow carbon aerogel with interconnected micropores for advanced lithium – sulfur batteries[J]. Journal of Alloys and Compounds，2020，834：155190.

实验 13　S/Co-GC@GPCA 复合材料的制备及电化学性能测试

一、实验目的

(1)熟悉多面体 Co-MOF 模板和碳酸钙双模板法制备分级多孔中空碳气凝胶的基本原理、进行的条件和基本操作,了解锂硫电池电化学反应的体系。

(2)掌握产物洗涤时间、浆料搅拌时间等。

(3)了解石墨化碳气凝胶的制备原理,掌握硫/石墨化碳气凝胶电极材料的制备原理、硫正极充放电机理,探究不同硫负载量对电化学性能的影响。

(4)了解 X 射线光电子能谱仪(XPS)、电化学测试仪的基本原理,掌握其使用方法。

(5)掌握并利用 Origin、PS、PPT、C4D 软件处理数据、分析数据,以及绘制数据图、反应流程图的方法。

二、实验内容

(1)根据摩尔比计算原料试剂质量,并准确称取试剂。

(2)通过溶胶-凝胶、常压干燥及高温煅烧工艺,分别制备含有、不含有 Co-MOF 模板的石墨化碳气凝胶。

(3)使用比表面积分析仪(BET)对两种样品的结构进行表征。

(4)使用热重分析仪(TG)对样品硫含量、Co 含量进行测试。

(5)使用蓝电测试仪、电化学工作站等电化学分析仪对硫正极进行充放电测试及循环伏安测试。

(6)使用 Excel 软件和 Origin 软件分析数据,绘制 BET 图、循环伏安曲线图、倍率图、循环性能图,并对结果进行分析和讨论。

三、实验原理

1. 金属有机骨架

近年来,金属有机骨架(Metal-Organic Frameworks,MOF)作为被广泛研究的多孔材料,已经被应用于各个领域,比如气体分离、药物运输、催化、发光和储能器件等。具体来说,它是一类由无机金属离子(或金属离子簇)和有机配体通过配位自组装形成的具有周期性网络结构的多孔材料。但是由于直接获得 MOF 材料的电子导差,不能直接应用于一些储能领域,往往要通过高温碳化来获得导电性好的多孔碳材料。在锂硫电池中,这些多孔碳材料能够有效地充当硫的载体，可在很大程度上提高活性物质的利用率，表现出大的可逆容量和高的倍率性能，并且丰富的孔结构对硫和充放电过程中产生的多硫化物具有一定的限制作用。但是，煅烧之后 MOF 比表面积低，不利于提高硫负载。同时，其也不能在充放电过程中为多硫化物提供有效的吸附位点，不利于锂硫电池的实际应用。因此，通过获得高孔体积、高电子导电性的多孔 MOF 碳材料的研究提高锂硫电池的电化学性能显得格外重要。

相关文献报道，铁、钴和镍纳米颗粒在高温碳化中具有很强的催化石墨化作用。因此，本实验利用多面体 Co-MOF 衍生的碳材料（Co-GC）中的钴金属来提高碳气凝胶的石墨化程度，同时结合 CaCO₃ 模板法来提高碳气凝胶的孔体积。通过 RF 凝胶包覆碳酸钙和 Co-MOF 模板、溶剂置换、常压干燥、高温煅烧和酸化处理等步骤制得高度石墨化的含微量 Co 金属的碳气凝胶。由 Co-GC 多面体和碳气凝胶形成的异质结构，其孔隙结构呈梯度分布，表面含有丰富的含氧/含碳官能团且导电性良好，将其作为硫宿主体，可提高锂硫电池的电化学性能。同时，通过研究对称电池的循环伏安曲线、循环稳定性、倍率性能以及硫负载等电化学性能参数，详细分析了 Co-GC@GPCA 复合材料的微结构对电化学性能的影响。

2. 反应原理

为了制备一种适合锂硫电池体系的石墨化碳气凝胶，本实验借助 CaCO₃ 和 Co-MOF 双模板法对碳气凝胶结构进行改性，合成了一种具有三维多孔异质结构的石墨化碳气凝胶，并将其作为锂硫电池的硫宿主体，使后者的电化学性能明显提高。

在本实验中，通过溶剂交换、常压干燥、高温煅烧等工艺制备了石墨化的葡萄状多孔碳气凝胶（Co-GC@GPCA）。在设计的反应体系中，原材料主要包含间苯二酚、糠醛、六次甲基四胺、碳酸钙及 Co-MOF。其中，碳酸钙在高温煅烧过程中分解出大量 CO₂ 气体：一方面对碳气凝胶进行刻蚀造孔，形成多孔导电骨架；另一方面 Co-MOF 模板有利于促进碳气凝胶的石墨化，提高正极复合材料的电子导电性。相应的正极因有效地锚定在电解液中的多硫化锂而表现出优异的循环稳定性和倍率性能。本实验探索了 Co-MOF 与孔隙分布的关系，通过研究系列电池的循环伏安、倍率性能、库仑效率等电化学参数，分析了碳气凝胶的石墨化结构对锂硫电池电化学性能的影响。

本实验反应原理如下：以六次甲基四胺为有机碱性催化剂，利用间苯二酚和糠醛作为碳前体直接包覆碳酸钙和 Co-MOF，进行缩合反应形成三维交联结构。由于在干燥过程中的去溶剂化效应，凝胶自身形成多孔网络结构，经碳化依然保持着多孔三维结构。其中，凝胶缩合反应方程式与实验 12 中列出的反应方程式相同。

3. 硫/石墨化碳气凝胶正极的充放电机理

在锂硫电池所参与的电子反应中，硫单质不导电，因此将高电子导电性的石墨化碳气凝胶作为硫载体，不仅可以依靠分级多孔结构将多硫化物限制在正极附近，还可以借助碳气凝胶的 Co 纳米粒子辅助多孔结构吸附多硫化物，形成二次利用。此外，由于石墨化碳气凝胶具有高的电子导，可以提高充放电过程中电荷转移效率，所以硫正极的放电能力提高。

四、仪器与试剂

1. 实验仪器及设备

电子分析天平，磁力搅拌器，管式炉，电热鼓风干燥箱，真空干燥箱，蓝电测试仪，电化学工作站,X 射线衍射仪(XRD),比表面积分析仪(BET),等等。

2．试剂及原料

六水合硝酸钴[Co(NO₃)₂·6H₂O],2-甲基咪唑,碳酸钙(CaCO₃),糠醛,间苯二酚,六次甲基四胺,浓盐酸,稀盐酸,硫代硫酸钠(Na₂S₂O₃·5H₂O),导电炭黑,聚偏氟乙烯(PVDF),铝箔,N-甲基吡咯烷酮,甲醇,丙酮,无水乙醇,超纯水。

五、实验步骤

受葡萄簇这种独特结构的启发,本实验旨在设计一种用于高级锂硫电池的微型分级结构硫宿主体。Co-GC@GPCA 复合材料的制备过程示意性地呈现在图 13-1 中。首先,为了合成硫主体,使碳酸钙和 Co-MOF 多面体(即 ZIF-67)同时被间苯二酚和糠醛(RF)凝胶所涂覆。之后,经溶剂交换和干燥处理,获得了 CaCO₃/Co-MOF@RF。在常压干燥和随后的煅烧过程中,碳酸钙和丙酮溶剂则有助于形成微孔结构,而 Co-MOF 多面体则有助于形成三维、分级多孔结构。用稀盐酸溶液清洗后,残留的钙化合物和钴金属粒子被去除,同时产生相当大的空隙,这有利于硫组分的均匀分散以及电解液的持续渗透。然而,CaCO₃蚀刻剂不可避免地导致大量的缺陷碳/无序组分,这会降低碳气凝胶的电导率。此外,Co-GC 多面体可以修复 CaCO₃蚀刻剂造成的缺陷碳。在 Co-GC@GPCA 复合材料中,Co-GC 多面体的多核效应对多硫化物的吸附以及电催化发挥了重要作用。而且 Co-GC 多面体对多孔碳气凝胶的石墨化程度的改善,也对多硫化物的反应动力学和转化率产生了协同效应。其次,对纳米结构 CaCO₃/Co-MOF@RF 凝胶进行煅烧和蚀刻之后,成功地获得了 Co-GC@GPCA 复合材料。最后,通过化学沉积结合扩散熔融(CD-DM)的方法,将硫物种引入多孔主体。合理设计的 S/Co-GC@GPCA 复合材料不仅具有丰富的催化活性,而且是一种有效的宿主材料,尤其是可对多硫化物协同限定以及快速转化。

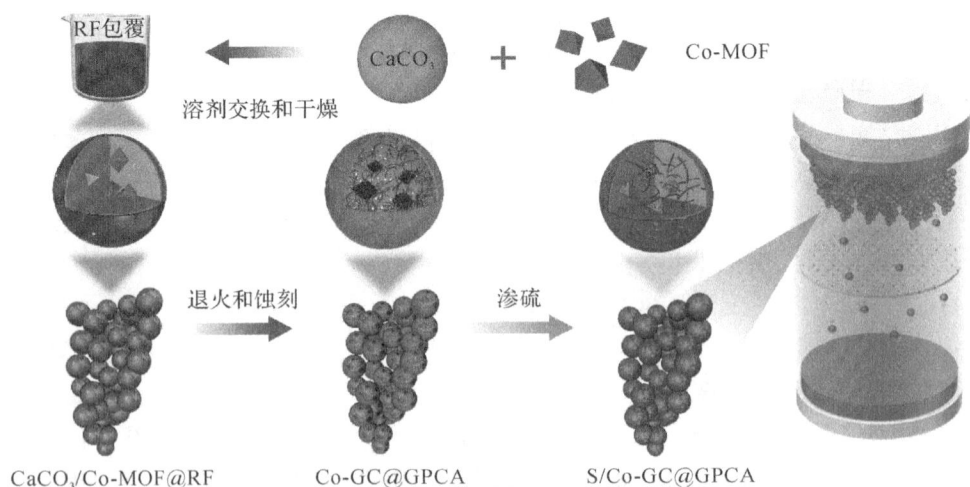

图 13-1　S/Co-GC@GPCA 复合材料的合成示意图

1．多面体@石墨化多孔碳气凝胶复合材料的合成

(1)称取 23.22 g 六水合硝酸钴[Co(NO₃)₂·6H₂O]和 26.27 g 2-甲基咪唑,并将其分

别溶解在 500 mL 甲醇溶剂中。

（2）待溶解后，将 2-甲基咪唑溶液迅速倒入硝酸钴溶液中并在室温下搅拌 15 min。上述混合物静置 24 h 后，通过抽滤、乙醇洗涤，并在 60 ℃真空条件下干燥 24 h，获得的紫色沉淀物即为金属有机共价化合物 Co-MOF。

（3）称取 1 g 制备的 Co-MOF 和 10 g $CaCO_3$，并将其分散在 20 mL 乙醇溶液（预溶有 0.1 g 六次甲基四胺）中。

（4）将 2 g 间苯二酚溶解在 3 mL 糠醛溶液（RF）中，再将溶液缓慢地加入上述混合物中，并在 80 ℃下持续磁搅拌 48 h。然后，在 80 ℃下，将混合物静置直到其完全凝胶化。最后，将获得的块体凝胶进行破碎并浸泡在丙酮溶液中，每间隔 6 h 换一次溶剂，共计 4 次。

（5）在常压、50 ℃下，干燥 12 h。对获得的干凝胶进行研磨，并将其移至管式炉中。氩气流速设定为 20 mL·min^{-1}，在 950 ℃下热解 5 h（5 ℃·min^{-1} 的升温速率）。将获得的黑色混合物在 70 ℃下用 200 mL 稀盐酸（浓度为 1 mol·L^{-1}）洗涤 1 h。冷却后，混合物经真空过滤以及去离子水反复洗涤除去含钙的杂质以及 Co 金属粒子。其中，Co 金属粒子来自被碳化和石墨化的 Co-MOF 前体（Co-GC）。

（6）得到 Co-GC@石墨化的多孔碳气凝胶（Co-GC@GPCA）复合材料。将获得的 Co-GC@GPCA复合材料在 70 ℃下真空干燥 12 h。作为对比组，中空碳气凝胶（HCA）的制备除不含 Co-MOF（ZIF-67）之外，与上述 Co-GC@GPCA 复合材料的制备步骤相同。

2. 硫/多面体@石墨化多孔碳气凝胶正极的制备

（1）为了均匀地分散硫单质，对 S/Co-GC@GPCA 复合材料采取化学沉淀和熔融扩散相结合的策略。首先，称取 0.161 g Co-GC@GPCA 复合材料，并将其分散在 300 mL 预溶有 14.887 g $Na_2S_2O_3·5H_2O$ 的水溶液中，强搅拌 0.5 h。

（2）将混合物置于水浴锅中，并在 70 ℃下搅拌 1 h。获得的沉淀物被真空抽滤，经去离子水反复洗涤以及干燥后，加入少量的 Co-GC@GPCA 复合材料，使复合材料中硫含量降低至约 70%（质量分数）。

（3）将上述混合物转移至带有氩气的样品瓶中，在 159 ℃下热处理 24 h，使硫单质充分分散在孔结构中。之后，再将其转移至管式炉中，在 200 ℃下保温 10 min（升温速率为 5 ℃·min^{-1}），除去样品表面的硫单质（氩气流速为 20 mL·min^{-1}）。

（4）将 S/Co-GC@GPCA 复合材料与导电炭黑 Super P 按质量比 70:20 研磨混合，分散在含有 10%（质量分数）PVDF 黏结剂的 NMP 溶液中，制备正极浆料，并采用医用刮刀法涂覆在铝箔表面。

（5）为了制备高负载硫正极，混合 90%（质量分数）的 S/Co-GC@GPCA 复合材料以及 10%（质量分数）的 PVDF 黏结剂。

六、结果分析与讨论

（1）通过 TG、XPS 并利用 XRD 对样品晶型结构进行数据处理和分析。

（2）利用循环伏安曲线、EIS 曲线图、循环性能图对电化学性能进行分析。

（3）汇总实验数据并撰写实验报告。

七、操作要点及注意事项

（1）含碳酸钙、Co－MOF 模板的有机凝胶制备实验凝胶周期长。注意 Co－MOF、碳酸钙的沉淀易导致 RF 凝胶包覆不均匀。

（2）硫单质在分级多孔碳气凝胶表面的原位生长反应在机械搅拌下进行。

（3）正极实验组和对比组的电极硫含量、Co 含量必须接近，方可进行电化学测试。

八、思考题

（1）哪些因素影响碳气凝胶的石墨化？

（2）在多硫化合物的转化机制中，异质结构发挥了什么作用？

（3）在酸洗过程中，如何控制 Co 含量？

九、相关阅读

[1] ZHENG Z，WU H，LIU H，et al. Achieving fast and durable lithium storage through amorphous FeP nanoparticles encapsulated in ultrathin 3D P－doped porous carbon nanosheets[J]. ACS Nano，2020，14(8)：9545－9561.

[2] 蔡诗怡，李津瑜，吴丽霞，等. 金属有机框架(MOF)材料在锂硫电池的应用前沿进展[J]. 化工进展，2021，40(6)：1－15.

[3] SUN L，HENDON C H，PARK S S，et al. Is iron unique in promoting electrical conductivity in MOFs？[J]. Chemical Science，2017，8(6)：4450－4457.

[4] WANG J，WU T，ZHANG S，et al. Metal－organic－framework－derived N－C－Co film as a shuttle－suppressing interlayer for lithium sulfur battery[J]. Chemical Engineering Journal，2018，334：2356－2362.

[5] GUANG Z，HUANG Y，CHEN C，et al. Engineering a light－weight，thin and dual－functional interlayer as "polysulfides sieve" capable of synergistic adsorption for high－performance lithium－sulfur batteries[J]. Chemical Engineering Journal，2020，383：123163.

[6] THAMBILIYAGODAGE C J，Ulrich S，Araujo P T，et al. Catalytic graphitization in nanocast carbon monoliths by iron，cobalt and nickel nanoparticles[J]. Carbon，2018，134：452－463.

[7] YE Z，JIANG Y，QIAN J，et al. Exceptional adsorption and catalysis effects of hollow polyhedra/carbon nanotube confined CoP nanoparticles superstructures for enhanced lithium－sulfur batteries[J]. Nano Energy，2019，64：103965.

[8] ZHENG Z，WU H，LIU H，et al. Achieving fast and durable lithium storage through amorphous FeP nanoparticles encapsulated in ultrathin 3D P－doped porous carbon nanosheets[J]. ACS Nano，2020，14(8)：9545－9561.

[9] ZHAO Z，YI Z，LI H，et al. Synergetic effect of spatially separated dual co－catalyst for accelerating multiple conversion reaction in advanced lithium sulfur bat-

teries[J]. Nano Energy，2021,81;105621.

参 考 文 献

[1] 高小刚. 碳气凝胶的改性及功能化隔层对锂硫电池电化学性能的影响[D]. 西安：西北工业大学，2022.

[2] PEKALA R W，ALVISO C T，KONG F M，et al. Aerogels derived from multifunctional organic monomers[J]. Journal of Non-Crystalline Solids，1992,145;90-98.

[3] WU H，HUANG Y，XU S，et al. Fabricating three-dimensional hierarchical porous N-doped graphene by a tunable assembly method for interlayer assisted lithium-sulfur batteries[J]. Chemical Engineering Journal，2017,327;855-867.

实验 14　硫/活化生物质多孔碳复合材料的电化学性能测试

一、实验目的

(1)熟悉高温烧蚀法制备活化生物质多孔碳材料的基本原理、进行的条件和基本操作。

(2)掌握磁力搅拌器、电热恒温鼓风干燥箱、真空干燥箱、马弗炉、手套箱、压片机、扣式电池封口机等设备的使用方法和基本操作。

(3)了解硫/活化生物质多孔碳复合材料的制备原理及其作为锂硫电池正极材料的充放电原理,探究不同充放电倍率条件对硫/活化生物质多孔碳复合材料性能的影响。

(4)了解 X 射线衍射仪(XRD)、热失重分析仪(TGA)、扫描电子显微镜(SEM)、能量色散光谱仪(EDS)与比表面积表征(BET)对材料微观形貌进行表征的基本原理,并掌握相应测试方法。

(5)了解充放电循环性能、伏安特性曲线、电压比容量曲线、倍率循环性能及电化学阻抗图谱(EIS)对材料电化学性能进行表征的原理,并掌握测试方法。

(6)掌握利用 Origin 软件处理数据、分析数据和绘制数据图的方法。

二、实验内容

(1)柚子瓤多孔碳材料的制备。

(2)硫/柚子瓤多孔碳材料的制备。

(3)硫/活化生物质多孔碳复合材料微观形貌的表征。

(4)硫/活化生物质多孔碳复合材料电化学性能测试。

(5)使用 Excel 软件和 Origin 软件分析数据,绘制各类数据图谱,并对结果进行分析和讨论。

三、实验原理

典型的锂硫电池由硫正极、锂金属负极和两者之间的电解质及隔膜构成,其结构示意图如图 14-1 所示。相较于目前已商业化的锂离子电池,锂硫电池的电化学反应能提供更高的理论比容量(金属锂 3 860 mA·h·g^{-1},单质硫 1 675 mA·h·g^{-1}),超高的理论比容量是未来新一代高密度能源的必备特征,因此锂硫电池具有极高的研究价值。

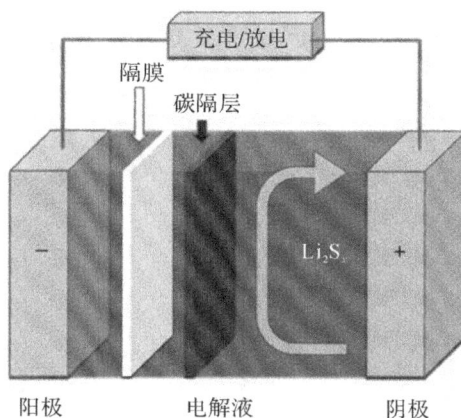

图 14-1 锂硫电池结构示意图

四、仪器与试剂

1.实验仪器及设备

电子分析天平,磁力搅拌器,玛瑙研钵,11 mm 冲孔器,压机,管式炉,电热鼓风干燥箱,真空干燥箱,马弗炉,手套箱,蓝电测试仪,电化学工作站,X 射线衍射仪(XRD),比表面积分析仪(BET),等等。

2.试剂及原料

柚子瓤,氢氧化钾(KOH),1 mol/L 盐酸,升华硫(S),聚偏氟乙烯(PVDF),N-甲基吡咯烷酮(NMP),导电炭黑,高纯锂片,电解液,铝箔,扣式电池壳,无水乙醇,超纯水。

五、实验步骤

生物质多孔碳材料及硫/活化生物质多孔碳复合材料的合成步骤如图 14-2 所示。

1.柚子瓤多孔碳材料的制备

(1)将新鲜的柚子瓤切成大小适当的块,称取 100 g 该样品。

(2)将样品超纯水清洗三次后,放置到普通烘箱中,以 90 ℃的温度烘干 36 h。

(3)烘干后,对干瘪的柚子瓤进行预碳化处理。称取适量的干瘪柚子瓤于瓷方舟中,然后置于管式炉中,管式炉所用气体为氩气。以 1 ℃/min 的升温速率升温到 300 ℃后,保温 3 h。

(4)取出黑灰色的预碳化后的柚子瓤材料,并将其研磨至细粉状态。

(5)将研磨好的样品和氢氧化钾以质量比为 1:1 混合均匀研磨后,放入烧杯中,加入适量乙醇并加热搅拌,加热温度为 50 ℃。

(6)待乙醇蒸干后将所得混合物置于瓷方舟中,再置于高温管式炉中高温烧蚀,以 3 ℃/min 的升温速率升温到 900 ℃,保温 1.5 h,气体环境为氩气。

(7)将所得碳化材料用 1 mol/L 的盐酸清洗三次,用超纯水清洗三次,而后放入干燥烘箱中烘干 24 h。所得材料即为活化生物质多孔碳材料。

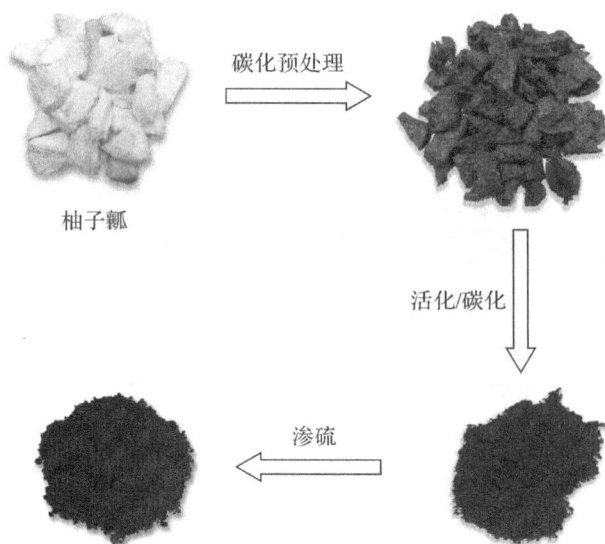

图 14-2 硫/生物质多孔碳复合材料制备过程

2.硫/柚子瓤多孔碳材料的制备

(1)将柚子瓤多孔碳材料与升华硫以质量比 1:2.5 混合,通过玛瑙研钵研磨充分。

(2)放入样品瓶后经过手套箱创造无氧无水环境,而后将样品瓶密封拧紧,再放入马弗炉中以 155 ℃的温度加热 6 h。

(3)放入管式炉中升温到 600 ℃,除去附着在碳基体表面的硫材料。

(4)经过充分研磨后,得到硫/柚子瓤多孔碳二元复合材料。

3.复合材料的表征

(1)利用 XRD 分析复合材料中碳基体与硫的存在形式。

(2)通过 SEM 与 EDS 分析碳基体与复合材料的微观形貌。

(3)利用 BET 测量柚子瓤多孔碳材料的比表面积。

(4)通过 TGA 测量复合材料的载硫率。

4.纽扣电池组装及电化学性能测试

(1)将合成的硫/柚子瓤多孔碳复合材料、Super-P 和 PVDF,以质量比 7:2:1混合均匀后加到适量的 NMP 中。

(2)控制溶液体系温度为 50 ℃,持续搅拌 6~8 h,制成混合均匀的黑色浆料。

(3)将混合好的浆料均匀地涂抹在适当大小的金属铝箔上,而后置于 60 ℃的普通烘箱中,烘干后转移至 80 ℃的真空烘箱中放置 12 h。

(4)利用直径为 11 mm 的冲孔器将制作好的电极片冲裁成圆形电极片,而后用压片机以 10~30 MPa 的压强压制 20s,得到可以制作半电池的正极电极片。

(5)称量多个电极片和等大小的铝片(作为对照),结合热失重实验结果中的载硫率数据,计算出平均每个电极片活性物质硫的质量。

（6）将制得的正极片置于手套箱中，静置 4 h 后，组装成 CR2016 型号的纽扣电池。

（7）将纽扣电池放置在手套箱中 8 h，待电池中极片材料与隔膜及电解液充分润湿后，使用 LAND 电池检测系统进行电化学性能的测试。其中，主要测试其恒电流循环充放电性能、倍率性能，再利用电化学工作站测试其循环伏安特性和电化学阻抗特性。

六、结果分析与讨论

（1）利用 XRD 分析复合材料中碳基体与硫的存在形式。

（2）利用 SEM 与 EDS 能谱分析碳基体与复合材料的微观形貌。

（3）利用 BET 测量柚子瓤多孔碳材料的比表面积。

（4）利用 TGA 测量复合材料的载硫率。

（5）通过 LAND 电池检测系统进行电化学性能的测试，主要测试其恒电流循环充放电性能、倍率性能。利用电化学工作站测试其循环伏安特性和电化学阻抗特性。

七、操作要点及注意事项

（1）马弗炉使用过程中会遇到高温环境，应系统学习仪器的操作和使用，并在有教师指导的条件下完成生物质原材料的烧蚀。

（2）真空手套箱为精密实验仪器，应注意使用和维护，成品纽扣电池在手套箱内的放置时间不宜太长。

八、思考题

（1）通过分析 XRD 曲线可知高温烧蚀对生物质碳材料微观层面的原子排布改变，为什么？

（2）试分析，循环伏安曲线中每一个峰值附近对应正极材料电化学反应过程中硫原子的哪些具体反应。

（3）通过锂硫电池电化学性能的表征，试分析锂硫电池商业化生产和使用会遇到哪些障碍。

九、相关阅读

[1] XI K，KIDAMBI P R，CHEN R，et al. Binder free three‐dimensional sulphur/few‐layer graphene foam cathode with enhanced high‐rate capability for rechargeable lithium sulphur batteries[J]. Nanoscale，2014，6(11)：5746‐5753.

[2]SU Y S，FU Y，COCHELL T，et al. A strategic approach to recharging lithium‐sulphur batteries for long cycle life[J]. Nature Communications，2013，4(1)：2985‐2993.

[3]GUO J，LI F，SUI J，et al. Self‐assembled 3D Co_3O_4‐graphene frameworks with high lithium storage performance[J]. Ionics，2014，20(11)：1635‐1639.

[4]FOTOUHI A，AUGER D J，PROPP K，et al. A review on electric vehicle battery modelling：from lithium‐ion toward lithium‐sulphur[J]. Renewable &

Sustainable Energy Reviews，2016，56：1008 - 1021.

［5］SEH Z W，SUN Y，ZHANG Q，et al. ChemInform Abstract：Designing high - energy lithium - sulfur batteries［J］. Cheminform，2016，47(48)：532 - 540.

［6］KANG W，DENG N，JU J，et al. A review of recent developments in rechargeable lithium - sulfur batteries［J］. Nanoscale，2016，8(37)：16541 - 16550.

参 考 文 献

［1］张伟超. 锂硫电池硫基正极材料的制备与电化学性能［D］.西安：西北工业大学，2018.

［2］ZHANG W C，HUANG Y，CHEN X F，et al. Shaddock wadding created activated carbon as high sulfur content encapsulator for lithium sulfur batteries［J］. Journal of Alloys & Compounds，2017，72：575 - 580.

实验 15　锂硫正极材料纽扣电池组装

一、实验目的

(1)学习混料、涂膜的方法和极片的制备方法。

(2)掌握扣式电池的组装流程和使用手套箱的基本操作。

(3)了解手套箱的使用方法及其注意事项。

(4)学习扣式电池封口机的使用方法。

二、实验内容

(1)将电极材料、导电剂和黏结剂在溶剂中混合均匀后涂于基底表面,利用极片模具将其冲压成直径为 12 mm 的电极极片,压实并称重后将其置于手套箱中,待组装扣式电池时使用。

(2)掌握手套箱的使用方法和注意事项,并练习动手操作能力。在手套箱中进行扣式电池的组装和封口。

三、实验原理

1. 锂硫电池工作原理

图 15-1(a)为典型的锂硫电池结构示意图及其充放电曲线。如图 15-1 所示,与锂离子电池组成基本相同,锂硫电池以碳硫复合材料为正极,以多孔聚乙烯膜和聚丙烯膜为隔膜,以金属锂为负极,以添加醚类的有机液为电解液。与传统锂离子电池的锂离子脱嵌式反应机理相比,锂硫电池的充放电过程基于硫单质和锂金属之间复杂的多电子氧化-还原反应。在自然界中,升华硫实际上以 8 个硫原子的环状形式存在,在未放电的初始过程中,是满电态。因此,在锂硫电池整个放电过程中,先发生放电。在电场作用下,金属锂负极失去电子,被氧化为锂离子。失去的电子经过外电路转移至硫正极,被氧化的锂离子经过电解液也迁移至硫正极。位于正极的硫单质发生 S—S 键断裂,即 S_8 的环状结构打开,与电解液中的锂离子发生多电子反应,最终形成硫化锂。其反应方程式如下:

锂负极反应(氧化反应失电子):

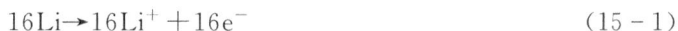

$$16Li \rightarrow 16Li^+ + 16e^- \qquad (15-1)$$

硫正极反应(还原反应得电子):

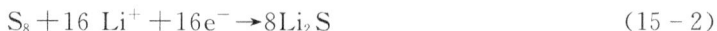

$$S_8 + 16 Li^+ + 16e^- \rightarrow 8Li_2S \qquad (15-2)$$

整个电池反应：

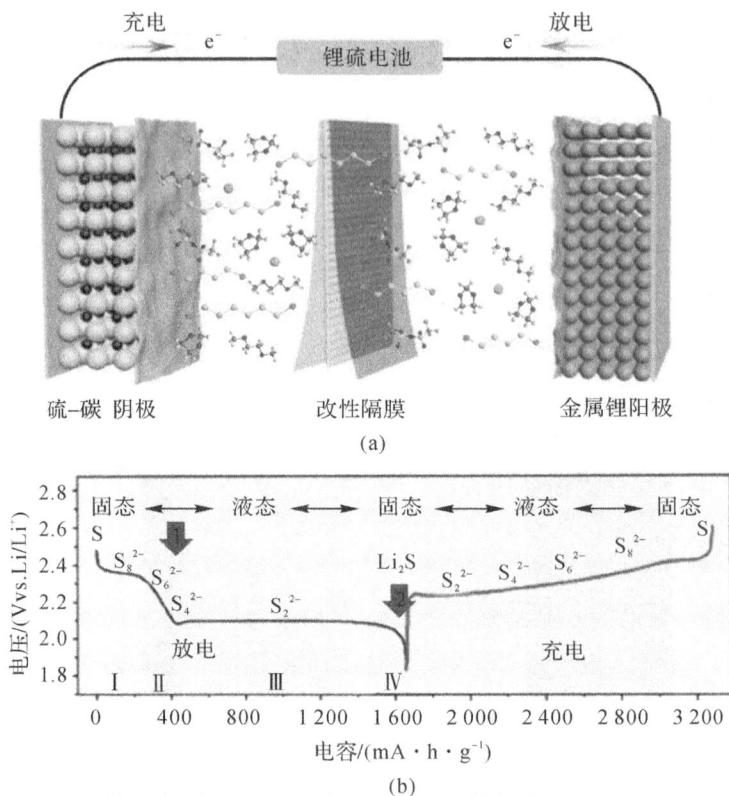

$$16Li + 8S_8 \rightarrow 8Li_2S \tag{15-3}$$

(a)

(b)

图 15-1 典型的锂硫电池结构示意图(a)及锂硫电池充放电曲线(b)

2. 两个充放电平台

在锂硫电池所参与的电子反应中,硫单质很容易形成长链多硫化物(Li_2S_n, $4 \leqslant n \leqslant 8$)并进一步被还原为短链多硫化物($Li_2S_n$, $n < 4$),这一过程属于复杂的多电子反应类型,放电过程如图 15-1(b)所示,硫正极经历了两个充放电平台,即高电压放电平台和低电压放电平台。

3. 高电压放电平台

高电压放电平台属于固-液和液-液相转变平台:首先,固态 $S_8(s)$ 溶解在电解液中,形成液态 $S_8(l)$。在这个阶段,液态 $S_8(l)$ 得到电子,转换为 S_n($4 \leqslant n \leqslant 8$)离子,与电解液中的锂离子结合形成 Li_2S_n。对于一个理想的放电过程而言,这个平台的平均放电电压为 2.3 V(Li/Li^+),电化学反应速率快,能够形成不同的硫离子。主要的转换反应如下:

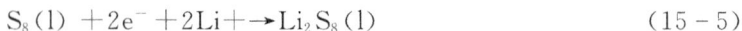

$$S_8(s) \rightarrow S_8(l) \tag{15-4}$$

$$S_8(l) + 2e^- + 2Li+ \rightarrow Li_2S_8(l) \tag{15-5}$$

$$3Li_2S_8(l) + 2e^- + 2Li^+ \rightarrow 4Li_2S_6(l) \tag{15-6}$$

$$2Li_2S_6(l) + 2e^- + 2Li^+ \rightarrow 3Li_2S_4(l) \tag{15-7}$$

根据上述反应方程式,每摩尔硫原子可得到 0.5 mol 的电子,通过下述电池容量公式计算得出理论比容量约为 419 mA·h·g^{-1}:

$$Q = nF/M \qquad (15-8)$$

式中:Q —— 电池的放电比容量,单位为 mA·h·g^{-1};

　　　n —— 每摩尔硫原子可转移的电子数;

　　　F —— 法拉第电量(26.8 Ah);

　　　M —— 单质硫的摩尔质量。

4.低电压放电平台

当电压下降至小于 2.1 V 时,会发生液-固和固-固相转变。可溶的长链多硫化物被进一步还原为短链多硫化物 Li_2S_2/Li_2S。其中,液态长链多硫化物 Li_2S_4 转变为固态 Li_2S_2,属于液-固相转变,而固态 Li_2S_2 进一步被还原为固态 Li_2S,对应着固-固相转变。其主要的转变反应式如下:

$$Li_2S_4(l) + 2e^- + 2Li^+ \rightarrow 2Li_2S_2(s) \qquad (15-9)$$

$$Li_2S_2(s) + 2e^- + 2Li^+ \rightarrow 2Li_2S(s) \qquad (15-10)$$

在这两个阶段中,尤其是固-固相转变阶段,由于其短链多硫化物 Li_2S_2/Li_2S 较差的电子导电性和离子导电性,电化学反应速率慢,很难彻底放电。因此,在理想的放电条件下,每摩尔硫原子的电子转移数为 1.5 mol,还原电位范围在 2.1 V 左右,根据式(15-8)计算获得的理论比容量为 1 256 mA·h·g^{-1}。因此,基于两个充放电平台,根据活性物质硫,计算得锂硫电池的理论比容量为 1 675 mA·h·g^{-1}。

5.锂硫纽扣电池的构成

根据不同的用途,锂硫电池具有各种形状和构成。本实验以锂硫纽扣电池为例介绍锂硫电池的具体结构。如图 15-2 所示,其主要构成如下:

(1)电池正极和负极壳。

(2)正极:含活性物质硫的复合材料。

(3)隔膜:一种特殊的聚乙烯或聚丙烯复合膜。

(4)负极:锂片。

(5)电解质混合液。

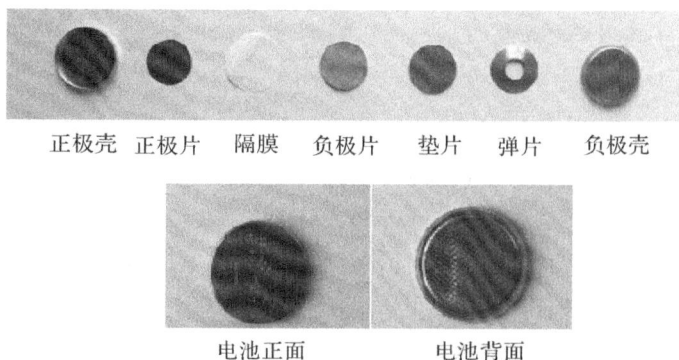

正极壳　正极片　隔膜　负极片　垫片　弹片　负极壳

电池正面　　　　电池背面

图 15-2　锂硫正极材料纽扣电池结构

四、仪器与试剂

1.实验仪器及设备

分析天平,磁力搅拌器,涂膜器,极片模具,手套箱,扣式电池封口机,压片机,烘箱,离心机,真空干燥箱,烧杯(10 mL),玛瑙研钵。

2.试剂及材料

制备的锂硫正极材料(作为活性材料),导电炭黑,聚偏氟乙烯(PVDF),N-甲基吡咯烷酮(NMP),铝箔,电解液,正极壳,负极壳,隔膜,弹片,垫片。

五、实验步骤

1.正极片的制备

(1)称取电极样品。按质量比7:2:1称取正极活性材料硫/柚子瓤多孔碳复合材料、导电炭黑和黏结剂PVDF。

(2)磁力搅拌制浆。将正极活性材料与上述添加剂一起按计算量放入烧杯中,加入适量的NMP使浆液稀稠度适中,采用磁力搅拌机以适当的转速搅拌2 h,制成具有一定黏度且适合于涂膜的浆液。

(3)涂布。将浆液均匀地涂覆在适当大小的铝箔上,膜面尽量平整,纹理尽量一致。

(4)干燥电极片。将涂布后的电极片在60 ℃下干燥4 h,再在120 ℃下烘烤12 h。

(5)切片。将干燥后的电极片用切片机裁剪成圆形。

(6)压片。将切好的电极片在压片机上压片成型。

(7)隔膜裁剪。用切片机将隔膜裁剪成圆形,注意不要用手直接拿取。

(8)称重。称重电极片,并计算所涂正极活性物硫的质量。

(9)烘干备用。将称重后的电极片烘干,将要送入手套箱中的所有材料(如电池壳、隔膜、电极片、滴管、镊子、卫生纸等)放在盘中,准备送入手套箱中组装电池。

2.锂离子纽扣电池组装

(1)将烘干后的正极电极片、电池壳、隔膜等送入手套箱。

(2)以上述自制的电极片为正极,以相应大小的锂圆片为负极,以Celgard2400聚丙烯微孔膜为隔膜。将正极片、电解液(1~2滴)、隔膜、电解液(1~2滴)、负极片、垫片、弹片依次放入电池正极壳中,盖上电池负极壳。

(3)用电池封口机将电池加压密封。

(4)擦干电池外壳残余的电解液,放置6 h以上,待测。

组装过程如图15-3所示。

六、结果分析与讨论

通过电压表对组装好的锂硫正极纽扣电池进行检测,观察电压是否正常,从而判断锂硫正极材料纽扣电池是否能正常工作。

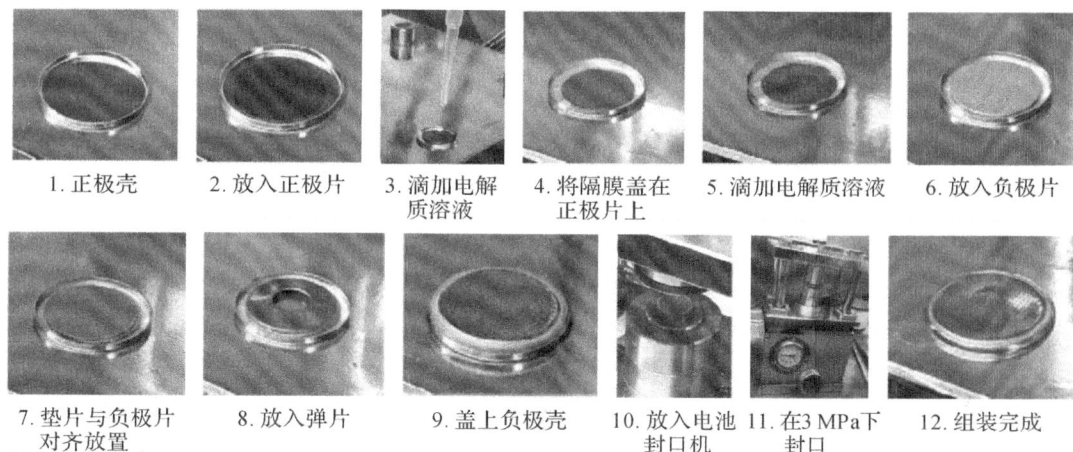

图 15 - 3 锂硫正极材料组扣电池的组装过程

七、操作要点及注意事项

(1)将浆液均匀地涂覆在适当大小的铝箔上,膜面尽量平整,纹理尽量一致。

(2)要尽量将正极片放置在电池壳中间,保证纽扣电池能正常工作。

八、思考题

为什么滴加电解液时要控制电解液量(1~2 滴)?

九、相关阅读

[1] GAO X G, HUANG Y, LI X, et al. SnP$_{0.94}$ nanodots confined carbon aerogel with porous hollow superstructures as an exceptional polysulfide electrocatalyst and "adsorption nest" to enable enhanced lithium - sulfur batteries[J]. Chemical Engineering Journal,2021,420:129724.

[2] GAO X G, HUANG Y, ZHANG Z, et al. Porous hollow carbon aerogel - assembled core@polypyrrole nanoparticle shell as an efficient sulfur host through a tunable molecular self - assembly method for rechargeable lithium/sulfur batteries [J]. ACS Sustainable Chemistry & Engineering,2020,8(42):15822 - 15833.

[3] GAO X G, HUANG Y, GAO H, et al. Sulfur double encapsulated in a porous hollow carbon aerogel with interconnected micropores for advanced lithium - sulfur batteries[J]. Journal of Alloys and Compounds,2020,834:155190.

参 考 文 献

[1] 光昭旭. 包覆型致密复合碳材料在锂硫电池中的应用研究[D]. 西安:西北工业大学,2020.

［2］张伟超．锂硫电池硫基正极材料的制备与电化学性能［D］．西安：西北工业大学，2020.

［3］高小刚．碳气凝胶的改性及功能化隔层对锂硫电池电化学性能的影响［D］．西安：西北工业大学，2022.

实验 16 软模板水热法制备块状纳米结构 CuWO$_4$材料

一、实验目的

(1)熟悉水热法制备纳米材料的基本原理、进行的条件和基本操作,了解一步水热法的反应原理。

(2)掌握磁性搅拌、产物洗涤、真空干燥、惰性气体下煅烧等常用实验方法的原理和基本操作,加强实验动手能力。

(3)了解 CuWO$_4$材料的制备原理,探究 P123 和六次甲基四胺(HMT)对 CuWO$_4$材料的形貌以及电化学性能的影响。

(4)了解 X 射线衍射仪(XRD)、傅里叶变换红外光谱(FT-IR)、X 射线光电子能谱仪(XPS)、场发射扫描电镜(SEM)、透射电子显微镜(TEM)等手段的基本原理,掌握其使用方法。

(5)掌握利用 Origin 软件处理数据、分析数据、绘制数据图的方法。

二、实验内容

(1)根据摩尔比计算原料试剂质量,并准确称取试剂。

(2)以 P123 为软模板,以 HMT 为表面活性剂,通过一步水热法制备得纳米尺度且形貌规则的 CuWO$_4$材料。作为对比,制备只添加 P123 以及不添加 P123 和 HMT 的样品,并分别命名为 CuWO$_4$-PH、CuWO$_4$-P、CuWO$_4$。

(3)使用 XRD 对三种样品的物质内部结构和物相组成进行分析。

(4)使用 SEM 对样品的表面形貌进行表征分析。

(5)采用 TEM 表征对样品的晶面及晶格进行分析。

(6)采用 FT-IR 和 XPS 表征对制备的样品局部电子化学构型和表面元素化学价态作进一步分析。

(7)通过三电极体系测试电极材料的电化学性能。

(8)通过蓝电测试系统对样品的循环寿命进行测试分析。

(9)使用 Excel 软件和 Origin 软件分析数据,绘制 XRD 图、XPS 图、FT-IR 图、循环伏安曲线图、恒电流充放电(又称为计时电位法,Galvanostatic Charge Discharge,GCD)曲线图,并对结果进行分析和讨论。

三、实验原理

超级电容器储能方式主要可以分成两类:双电层电容储能和赝电容储能。

双电层电容主要通过静电作用使得电荷定向排列,一方面呈现出非常快的存储-释放能量转换,另一方面由于其在材料表面/界面不发生化学反应,并不破坏电极材料的形貌与内部微结构,因此具有较高的功率密度和良好的循环稳定性。

紧密双电层理论通过建模来表述双电层的形成:由于静电力的作用,单层电荷和单层电子分别吸附于液固两侧,形成类似于传统的平板电容器的双电层,这种电荷层电容 C 可以表示为

$$C = \frac{\varepsilon}{4d\pi} \tag{16-1}$$

式中:C —— 电荷层电容(F/g);

$\quad\varepsilon$ —— 介电常数;

$\quad d$ —— 电解质离子半径(m)。

但是,这种模型仅适合理想化的紧密双电层结构。针对电动现象,Gouy 和 Chapman 提出了更加完善的 Gouy - Chapman 模型,他们认为电荷在电解液中保持连续分散状态,且浓度与质点间距离成反比。

之后,Stern 在上述两种模型的基础上提出双电层是由紧密层和扩散层共同组成的,且模拟出 Stern 模型,这种模型指出双电层 C_{dl} 是由紧密层电容 C_H 和扩散层电容 C_{diff} 串联而成的,即

$$\frac{1}{C_{dl}} = \frac{1}{C_H} + \frac{1}{C_{diff}} \tag{16-2}$$

式中:C_{dl} —— 双电层电容(F/g);

$\quad C_H$ —— 紧密层电容(F/g);

$\quad C_{diff}$ —— 扩散层电容(F/g)。

在紧密层中,离子紧密地吸附于电极表面;在扩散层中,由于电解液离子一直处于热运动状态,所以在溶液中连续分布。

双电层电容器的发展正是基于上述理论,电极表面电荷的密度与电极表面缺陷和表面对离子的吸附能力密切相关。充电时,通过静电力作用,电性相反的电解液离子或者表面缺陷的电荷分别集聚在正、负极表面,形成平行的双电层储存能量;放电时,正、负极与外界电源接通,由于电流的驱动,平行电极两侧分布的电荷或者离子再次从电极表面扩散于电解液主体中,属于电荷静电吸脱附的物理过程,双电层电容器充放电过程正、负极的反应可分别表示为

正极:

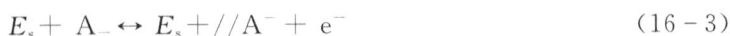

$$E_s + A_- \leftrightarrow E_s + //A^- + e^- \tag{16-3}$$

负极:

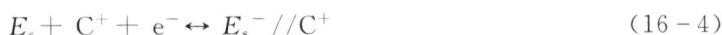

$$E_s + C^+ + e^- \leftrightarrow E_s^- //C^+ \tag{16-4}$$

总反应:

$$E_s + E_s + C^+ + A^- \leftrightarrow E_s^+//A^- + E_s^-// \tag{16-5}$$

式中：E_s —— 电极表面电压（V）；

　　// —— 双电层；

　　C^+ —— 电解液正离子；

　　A^- —— 电解液负离子。

B. E. Conway 在大量实验和前人结论的基础上，首次将过渡族金属氧化物应用于超级电容器电极材料方面并提出法拉第赝电容储能原理。与双电层电容器储能方式不同的是，法拉第赝电容发生离子准吸脱附反应或者快速可逆的法拉第氧化-还原反应，将分别产生吸附赝电容和法拉第赝电容。由于这两种赝电容在电极材料表面甚至电极材料内部发生吸脱附/氧化还原反应，其电压窗口大于双电层电容。在相同材料与比质条件下，法拉第赝电容器在比电容量方面比传统的双电层电容器高 10～100 倍，因此赝电容器表现出更优异的发展潜力。吸附赝电容通常发生在催化性能良好的贵金属表面，如 H 在催化贵金属（Pt、Ru、Ir 等）时发生在金属表面的吸附反应，或者一些碱金属（如 Ni、Co、Fe 等）在 Au/Ag 上的吸附原子沉积。

相对于双电层电容器不发生电化学反应，其电容在一定电压范围内是一个稳定的常数，法拉第赝电容器电容源于电化学反应，因此电容数值与活性物质设计配比以及外界条件密切相关，即比电容量是一个变量。由于电极活性物质表面/界面附近发生的是准可逆氧化-还原反应，其反应速率非常快，因而材料性能变化呈现一个动态持续的稳态转变，充/放电过程仍然表现出电容性质，即

$$\frac{dV}{dT} = K \tag{16-6}$$

则产生的电流是恒定或接近恒定的充/放电电流，公式如下：

$$I = \frac{CdV}{dT} = CK \tag{16-7}$$

近些年来，在超级电容器电极材料领域，二元金属氧化物和混合金属氧化物已部分应用于商业市场，由于其元素具有多价态，且其比电容量较高，满足了电子、电动车等商业应用对超级电容器高容量、高比能量的要求。在二元金属氧化物中，钨酸盐由于优异的催化和电化学性能引起广泛的关注，正如在一些文献中所报道的，钨酸盐具有非常好的导电性（10^{-7}～10^{-3} S/cm）。这是由于 W 原子很好地提高了钨酸盐的导电性，这一优点有助于提高其作为电极材料时的电化学性能。

CuWO₄是最为典型的钨酸盐之一，其能带约为 2.25～2.45 eV，它是优越的 n 型半导体，已经被应用于多个领域，例如光电阳极、激光器基质、传感器、光催化电极等。然而，极少有文献报道将其应用于超级电容器电极材料，这是因为 CuWO₄形貌和结构难以调控，其比表面积和孔隙率较低，不利于电解液离子的传输和扩散，降低了有效比表面积的浸润率。虽然科研人员通过微波法、喷雾热解法以及溶胶凝胶法合成形貌规则的 CuWO₄样品（例如 R. Dhilip Kumar 等通过微波法成功制得形貌相对规则的 CuWO₄），但其作为超级电容器电极材料时，最大比电容量也仅为 77 F/g。因此，寻找新的制备途径以改善 CuWO₄的形貌结构是当前的关键。

本次试验,我们以 P123 作为软模板,以 HMT 作为表面活性剂,通过一步水热法制备得纳米尺度且形貌规则的 $CuWO_4$ 材料,其表现出较高的比表面积和良好的分散性。由于 P123 廉价易得且对环境友好,因此将 P123 分子链作为软模板来优化 $CuWO_4$ 块状的尺寸;由于 HMT 表面活化的作用,所以在 $CuWO_4$ 表面形成大量的纳米小颗粒,这有利于电解液离子的附着,为电化学反应提供大量的活性位点,从而提高了其作为电极材料时的电化学性能。

四、仪器与试剂

1. 实验仪器及设备

恒温电热鼓风干燥箱,电子分析天平,不锈钢水热反应釜,超声波清洗机,磁力搅拌器,管式炉,真空干燥箱,X 射线衍射仪(XRD)。

2. 试剂及材料

六次甲基四胺,超纯水,硝酸铜[$Cu(NO_3)_2$],钨酸钠(Na_2WO_4),P123,无水乙醇。

五、实验步骤

(1)将 1 g P123 溶解于 25 mL 去离子水中,搅拌 12 h 得到澄清溶液。

(2)将 2 mmol $Cu(NO_3)_2$ 缓慢加入上述溶液中,并搅拌 1 h,得到蓝色透明溶液(A 溶液)。

(3)将 2 mmol Na_2WO_4 和 8 mmol HMT 溶解于 10 mL 去离子水(B 溶液)中,将 B 溶液逐滴滴入 A 溶液中,并搅拌 2 h,得到奶绿色溶液。

(4)将奶绿色溶液转移入 50 mL 水热釜中,在 100 ℃下保持 10 h。

(5)反应结束后自然冷却至室温,用去离子水和无水乙醇分别洗涤三次,之后在 60 ℃真空环境中干燥。

(6)将所得前驱体在氩气气氛、3 ℃/min 的升温速率下加热至 500 ℃,保持煅烧 2 h,以去除软模板 P123。

(7)为了探究 P123 和 HMT 的作用,也制备了只添加 P123 以及不添加 P123 和 HMT 的样品,三者分别命名为 $CuWO_4$-PH、$CuWO_4$-P、$CuWO_4$。

六、结果分析与讨论

(1)使用 Origin 软件绘制 XRD 图谱,对样品晶型结构进行数据处理和分析。

(2)使用 Casaxps 软件拟合 XPS 图谱,采用 Origin 软件绘制 FT-IR 图谱,对制备的样品局部电子化学构型和表面元素化学价态作进一步分析。

(3)使用 Origin 软件绘制循环伏安曲线、GCD 曲线、充放电循环曲线、阻抗数据图,对电化学性能进行分析,撰写实验报告。

七、操作要点及注意事项

(1)将 $Cu(NO_3)_2$ 加入 P123 与去离子水的混合溶液的过程,注意缓慢进行。

(2)将 1 g P123 溶解于 25 mL 去离子水中,搅拌 12 h 得到澄清溶液,之后将 2 mmol

Cu(NO₃)₂ 缓慢加入上述溶液中，并搅拌 1 h 得到蓝色透明溶液（A 溶液），然后将 2 mmol Na₂WO₄ 和 8 mmol HMT 溶解于 10 mL 去离子水中得到 B 溶液，之后注意要将 B 溶液逐滴滴入 A 溶液中。

（3）水热反应后收集的产物用去离子水和无水乙醇分别洗涤三次。

八、思考题

（1）本实验中称取 Cu(NO₃)₂ 和 Na₂WO₄ 的摩尔比是多少？为什么这么设置？

（2）添加 P123 和 HMT 所制备的样品与单独添加 P123、不添加 P123 和 HMT 所制备的样品在性能上有什么不同？产生不同性能的原因是什么？

九、相关阅读

[1] XIA X，ZHANG Y，FAN Z，et al. Novel metal@carbon spheres core – shell arrays by controlled self – assembly of carbon nanospheres：a stable and flexible supercapacitor electrode[J]. Advanced Energy Materials，2015，5(6)：1401709.

[2] HE Y，HAN X，DU Y，et al. Bifunctional nitrogen – doped microporous carbon microspheres derived from poly(o – methylaniline) for oxygen reduction and supercapacitors[J]. ACS Appl Mater Interfaces，2016，8 (6)：3601 – 3608.

[3] MA H，HE J，XIONG D B，et al. Nickel cobalt hydroxide @ reduced graphene oxide hybrid nanolayers for high performance asymmetric supercapacitors with remarkable cycling stability[J]. ACS Appl Mater Interfaces，2016，8(3)：1992 – 2000.

[4] TANG Q，CHEN M，YANG C，et al. Enhancing the energy density of asymmetric stretchable supercapacitor based on wrinkled CNT@MnO₂ cathode and CNT@ polypyrrole anode[J]. ACS Appl Mater Interfaces，2015，7(28)：15303 – 15313.

[5] 张步涵，王云玲，曾杰. 超级电容器储能技术及其应用[J]. 水电能源科学 2006，24 (5)：50 – 52.

[6] BIAN X，ZHU J，LIAO L，et al. Nanocomposite of MoS₂ on ordered mesoporous carbon nanospheres：a highly active catalyst for electrochemical hydrogen evolution[J]. Electrochemistry Communications，2012，22：128 – 132.

[7] NAIK S J，SALKER A V. Solid state studies on cobalt and copper tungstates nano materials[J]. Solid State Sciences，2010，12(12)：2065 – 2072.

[8] GOGOTSI Y，SIMON P. True performance metrics in electrochemical energy storage[J]. Science，2011，334：917 – 918.

[9] VELLACHERI R，PILLAI V K，KURUNGOT S. Hydrous RuO(2) – carbon nanofiber electrodes with high mass and electrode – specific capacitance for efficient energy storage[J]. Nanoscale，2012，4(3)：890 – 896.

[10] LI M，LI W，LIU S. Control of the morphology and chemical properties of carbon spheres prepared from glucose by a hydrothermal method[J]. Journal of Materials Research，2012，27(8)：1117 – 1123.

[11] 黄毅，陈永胜. 石墨烯的功能化及其相关应用[J]. 中国科学 B 辑：化学，2009，39(9)：887 - 889.

[12] LIU Z，XU K，SUN H，et al. One – step synthesis of single – layer MnO_2 nanosheets with multi – role sodium dodecyl sulfate for high – performance pseudocapacitors[J]. Small，2015，11(18)：2182 - 2191.

[13] KUMAR R D，ANDOU Y，SATHISH M，et al. Synthesis of nanostructured $CuWO_3$ and $CuWO_4$ for supercapacitor applications[J]. Journal of Materials Science：Materials in Electronics，2015，27(3)：2926 - 2932.

[14] KUMAR R D，ANDOU Y，KARUPPUCHAMY S. Synthesis and characterization of nanostructured $Ni – WO_3$ and $NiWO_4$ for supercapacitor applications[J]. Journal of Alloys and Compounds，2016，654：349 - 356.

参 考 文 献

[1] 阮秀，董磊，于晶，等. 软模板法合成纳米材料的研究进展[J]. 材料导报 A：综述篇，2012，26(1)：56 - 60.

[2] XU X，SHEN J，LI N，et al. Facile synthesis of reduced graphene oxide/$CoWO_4$ nanocomposites with enhanced electrochemical performances for supercapacitors[J]. Electrochimica Acta，2014，150：23 - 34.

实验 17　孔状片层结构 $NiCo_2O_4/NiO$ 电极材料的制备

一、实验目的

(1)熟悉水热法制备 $NiCo_2O_4/NiO$ 的基本原理、进行的条件和基本操作,了解一步水热法的反应原理。

(2)掌握磁力搅拌、产物洗涤、真空干燥、惰性气体下煅烧等常用实验方法的原理和基本操作,加强实验动手能力。

(3)探究不同六次甲基四胺(HMT)添加量对 $NiCo_2O_4/NiO$ 材料的形貌以及电化学性能的影响。

(4)了解 X 射线衍射仪(XRD)、傅里叶变换红外光谱仪(FT-IR)、X 射线光电子能谱仪(XPS)、场发射扫描电镜(SEM)、透射电子显微镜(TEM)等手段的基本原理,掌握其使用方法。

(5)掌握利用 Origin 软件处理数据、分析数据和绘制数据图的方法。

二、实验内容

(1)根据摩尔比计算原料试剂质量,并准确称取试剂。

(2)本实验通过水热/煅烧法制备孔状片结构 $NiCo_2O_4/NiO$ 复合电极材料。其中,HMT 由于在水热过程中水解参与与镍钴氧化物前驱体中 Ni^{2+} 的反应,因此起着至关重要的作用。作为对比,制备不同 HMT 添加量的样品,并分别命名为 NCN-0.0、NCN-0.05、NCN-0.1、NCN-0.3、NCN-0.5。

(3)使用 XRD 对三种样品的结构和物相进行表征。

(4)使用 SEM 对样品的表面形貌进行表征分析。

(5)采用 TEM 表征对样品晶面及晶格进行分析。

(6)采用 XPS 表征对制备的样品局部电子化学构型和表面元素化学价态进一步分析。

(7)通过三电极体系测试电极材料的电化学性能。

(8)通过蓝电测试系统对样品的循环寿命进行测试分析。

(9)使用 Excel 软件和 Origin 软件分析数据,绘制 XRD 图、XPS 图、循环伏安曲线、GCD 曲线图,并对结果进行分析和讨论。

三、实验原理

随着化石燃料的消耗,新型能源器件得到了广泛的关注。近些年,广泛的研究已经集中于新型储存器件方面,例如锂离子电池、燃料电池以及超级电容器。在这些储能器件中,超级电容器由于其低损耗、高寿命、高功率等优势已经获得了充足的改进,尤其在电极材料探索及其制备方法方面取得了显著的突破。通常,电极材料可根据不同的储能机理分为两类:双电层电容通常以碳为主,而赝电容材料则以过渡型氢氧化物为主。特别地,赝电容电极材料由于其表面发生可逆电化学行为,在比电容量和功率密度方面远优于双电层电容。由于这个原因,一系列的赝电容材料,例如金属氧化物/氢氧化物(RuO_2、CoO、NiO、$NiCo_2S_4$ 等)以及导电聚合物,得到了广泛的研究。超级电容器实验原理详见本书实验 1 的实验原理部分。

在这些赝电容电极材料之中,镍钴氧化物,尤其是 $NiCo_2O_4$ 具有较高的理论比电容量、丰富的氧化还原活性和优越的电化学性能,因而得到广泛的关注。NiO 和 $Ni(OH)_2$ 是被研究次数最多的镍基(氢)氧化物,两者均具有较高的理论比电容量、良好的热稳定性和适宜的工作温度范围,两者作为电极材料时,其电解液一般为碱性电解液(如 $NaOH$、KOH 在充放电过程中具有可逆性好、反应速度快等优点)。然而,受限于较低的导电性和较高的电极阻抗,这些优势并没有得到足够的发挥。为了改善电化学性能、缩短电解液离子传输长度、强化电极导电性被认为是非常有效的手段。目前,针对改善电荷转移阻抗和电导性,硬模板和孔模板已经被大量研究和探索。例如,Lai 等通过自掺杂过渡金属的方法制备 NiO/Ni 微结构复合物,从而优化了电极电压窗口和电化学性能。此外,Zheng 等成功合成了 Au 插层 ZnO/NiO 复合物电极材料,核壳结构复合材料由于纳米金颗粒对电子的捕捉激发作用,极大地提高了电极自身导电性。然而,自掺杂过度金属氧化物制备复合材料没有被广泛地报道,从理论角度出发,预估通过上述方法制备的电极材料可以拥有更高的比电容量。

四、仪器与试剂

1. 实验仪器及设备

恒温电热鼓风干燥箱,电子分析天平,不锈钢水热反应釜,超声波清洗机,磁力搅拌器,马弗炉,真空干燥箱,X 射线衍射仪(XRD)。

2. 试剂及材料

乙酸镍[$Ni(AC)_2$],钴酸镍[$Co(AC)_2$],尿素,异丙醇,乙二醇,无水乙醇,去离子水。

五、实验步骤

(1)称取 1 mmol $Ni(AC)_2$、2 mmol $Co(AC)_2$ 和 6 mmol 的尿素,并将其溶于 35 mL 异丙醇与乙二醇的混合溶液(体积比为 3:4)中。

(2)强烈搅拌 1 h 之后形成粉色透明溶液。

(3)将一定量的 HMT(0.0 g、0.05 g、0.1 g、0.3 g、0.5 g)缓慢加入上述溶液,并持续搅拌 0.5 h。

(4)将所得溶液移至 50 mL 水热釜中并在 160 ℃条件下加热 12 h,之后自然冷却至室温。

（5）将得到的绿色前驱体用去离子水和无水乙醇分别洗涤三次之后真空干燥 12 h。

（6）将所得样品在空气条件、450 ℃下煅烧 2.5 h（加热速率：3 ℃/min），得到最终样品。

六、结果分析与讨论

（1）使用 Origin 软件绘制 XRD 图谱，对样品晶型结构进行数据处理和分析。

（2）使用 Casaxps 软件拟合 XPS 图谱，对样品的元素价态进行处理和分析。

（3）使用 Origin 软件绘制循环伏安曲线、GCD 曲线、充放电循环曲线、阻抗数据图，对电化学性能进行分析，撰写实验报告。

七、操作要点及注意事项

（1）将 $Ni(AC)_2$、$Co(AC)_2$ 和尿素溶于异丙醇与乙二醇混合溶液。搅拌时注意，在较大转速下充分搅拌 1 h，使得 $Ni(AC)_2$、$Co(AC)_2$ 和尿素完全溶于异丙醇与乙二醇混合溶液。

（2）水热反应后收集得到的产物，用去离子水和无水乙醇分别洗涤三次。

八、思考题

（1）称取 $Ni(AC)_2$、$Co(AC)_2$ 和尿素的摩尔比各是多少？为什么这样设置？

（2）HMT 添加含量不同，所制备的样品在性能上有什么不同？产生不同性能的原因是什么？

九、相关阅读

[1] LAI H，WU Q，ZHAO J，et al. Mesostructured NiO/Ni composites for high-performance electrochemical energy storage[J]. Energy & Environmental Science，2016，9(6)：2053-2060.

[2] HAN M，YIN X，REN S，et al. Core/shell structured C/ZnO nanoparticles composites for effective electromagnetic wave absorption[J]. RSC Advances，2016，6(8)：6467-6474.

参 考 文 献

[1] MIN S，ZHAO C，CHEN G，et al. One-pot hydrothermal synthesis of reduced graphene oxide/$Ni(OH)_2$ films on nickel foam for high performance supercapacitors[J]. Electrochimica Acta，2014，115：155-164.

[2] ZHOU Q，WANG X，LIU Y，et al. High rate capabilities of $NiCo_2O_4$-based hierarchical superstructures for rechargeable charge storage[J]. Journal of the Electrochemical Society，2014，161(12)：1922-1926.

实验 18　超级电容器材料三电极体系组装

一、实验目的

(1)学习超级电容器极片的制备方法。

(2)掌握三电极组装的基本操作和注意事项,了解工作电极、参比电极与对电极的概念。

(3)掌握三电极测试体系的工作原理。

二、实验内容

(1)将制备得到的电极材料置于真空干燥箱中干燥,之后称重,待组装三电极时使用。

(2)配制一定浓度的电解液。

(3)掌握三电极组装的基本操作和注意事项,锻炼动手操作能力。

三、实验原理

1.三电极体系原理

电极是与电解质溶液或电解质接触的电子导体或半导体,为多相体系。电化学体系借助电极实现电能的输入与输出,电极是实施电极反应的场所。一般电化学体系分为二电级体系和三电极体系,用的较多的是三电极体系,相应的三个电极为工作电极、参比电极及对电极。

工作电极,又称研究电极,所研究的反应在该电极上发生。一般来说,对工作电极的基本要求是:工作电极可以是固体,也可以是液体,各式各样的能导电的固体材料均能用作电极。其他要求为:①所研究的电化学反应不会因电极自身所发生的反应而受到影响,并且能够在较大的电位区域中进行测定;②电极必须不与溶剂或者电解液组分发生反应;③电极面积不宜过大,电极表面最好是平滑的,且能够通过简单的方法进行表面净化等。

对电极,又称辅助电极。对电极与工作电极组成回路,使工作电极上的电流畅通,以保证所研究的反应在工作电极上发生,但必须无任何方式限制电池观测的响应。工作电极发生氧化或还原反应时,对电极上可以安排为气体的析出反应或工作电极的逆反应,以使电解液组分不变,即对电极的性能一般不显著影响工作电极上的反应。

参比电极,是指一个已知电势的接近于理想不极化的电极。参比电极上基本没有电流通过,用于测定工作电极(相对于参比电极)的电极电势。参比电极需要具备的性能为:①具有较大的交流电流密度,是良好的可逆电极,其电极电势符合 Nernst 方程;②流过微小的电流时电极电势能迅速恢复原状;③具有良好的电势稳定性和重现性。

电解质是使溶液具有导电能力的物质,可以是固体、液体,偶尔也用气体,一般分为四种:①电解质作为电极反应的起始物质,与溶剂相比,其离子能优先参加电化学氧化-还原反应,在电化学体系中起导电和反应物的双重作用;②电解质只起导电作用,在所研究的电位范围内不参与电化学氧化-还原反应,这类电解质称为支持电解质;③固体电解质为具有离子导电性的晶态或非晶态物质,如聚环氧乙烷;④熔盐电解质,多用于电化学方法制备碱金属和碱土金属及其合金体系。

三电极体系中包含两个回路(见图 18-1):一个是极化回路,由工作电极和对电极组成,起传输电子形成回路的作用;一个是测量回路,由工作电极和参比电极组成,用来测试工作电极的电化学反应过程。

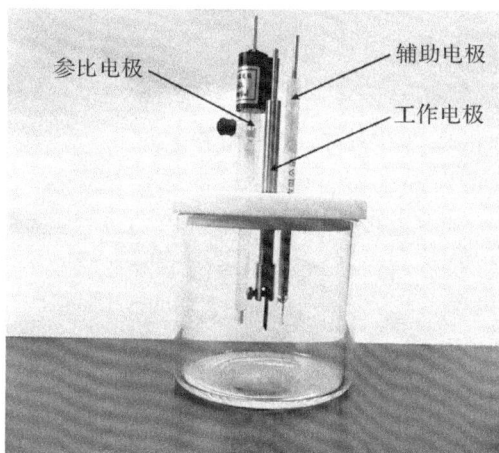

图 18-1　三电极测试体系实物图

四、仪器与试剂

1. 实验仪器及设备

电子分析天平,磁力搅拌器,超声波清洗器,真空干燥箱,压片机,三电极测试系统(电解池、参比电极、对电极、工作电极),烧杯(250 mL),容量瓶(250 mL)。

2. 试剂及材料

待测粉末材料,氢氧化钾(KOH),氯化钾(KCl),泡沫镍,导电炭黑,聚偏氟乙烯(PVDF),稀盐酸,N-甲基-2-吡咯烷酮(NMP),丙酮,超纯水,无水乙醇。

五、实验步骤

1. 配制 2 mol·L^{-1} 的 KOH 溶液和饱和 KCl 溶液

(1)用分析天平称取 0.5 mol 氢氧化钾(KOH)并置入 250 mL 烧杯中。

(2)加入 100 mL 超纯水后,转移至 250 mL 容量瓶中,并用少量超纯水洗涤 2～3 次,最后加水至刻度线,使溶液的凹液面最低处正好与刻度线相切。

(3)将容量瓶塞子塞紧,将其倒转摇动多次,使溶液混合均匀。将配置好的溶液转移至试剂瓶中,贴好标签,注明溶液名称及浓度。

（4）加入一定体积的超纯水至 250 mL 烧杯中，向烧杯中加入氯化钾（KCl）并不断搅拌，直至有氯化钾固体残留在烧杯中并不再溶解为止。

2. 三电极体系组装

（1）取尺寸为 10 mm×10 mm 的泡沫镍，依次用丙酮、1 mol·L^{-1}稀盐酸、无水乙醇、去离子水、无水乙醇各超声洗涤 15 min，随后在 60℃ 真空条件下干燥 30 min。

（2）将所制备的待组装粉末材料，与导电炭黑和聚偏氟乙烯（PVDF）按质量比为 8∶1∶1 混合，在滴加适量 N -甲基- 2 -吡咯烷酮（NMP）后连续搅拌 10 h 直至混合均匀。

（3）将混合后的浆料用毛刷涂覆于泡沫镍表面，在 60 ℃、真空下干燥 12 h 后用压片机在 10 MPa 的压力下压 90 s，根据泡沫镍涂覆活性物质前、后的质量差来计算活性物质的负载量。

（4）将工作电极、对电极及参比电极用去离子水清洗干净并擦拭待用，并尽量使对电极的铂片保持平整。

（5）将饱和氯化钾溶液倒入饱和甘汞电极中待用。

（6）将电解质溶液倒入电解池中，使参比电极的末端尽量浸入电解液中，同时注意泡沫镍附有活性物质一面必须对着对电极方向。工作电极的电极片与对电极的箔片相平行，三个电极需在同一水平线上。最后将夹子夹在相应的电极上端。

六、结果分析与讨论

三电极系统组装后，使用电化学工作站，采用循环伏安测试法（详细操作参考实验 19）测试三电极体系是否有响应电流产生。

七、操作要点及注意事项

（1）三个电极末端应保持在同一水平线上。
（2）各个电极与电化学工作站接线一定要正确。

八、思考题

（1）请简述三电极体系的工作原理。
（2）试说明参比电极应具有的性能和用途。

九、相关阅读

[1] 陈梦华. 镍钴基超级电容器电极复合材料的制备与表征[D]. 西安：西北工业大学，2019.

[2] 冯玄圣. 镍钴锰基超级电容器电极材料设计、构筑与电化学性能研究[D]. 西安：西北工业大学，2020.

[3] 李岩. 钴基超级电容器电极材料的制备及其电化学性能研究[D]. 西安：西北工业大学，2021.

参 考 文 献

[1] FAN Y，MA Z，WANG L，et al. In – situ synthesis of NiO foamed sheets on Ni foam as efficient cathode of battery – type supercapacitor[J]. Electrochimica Acta，2018，269：62 – 69.

[2] SUN H，MA Z，QIU Y，et al. Ni@NiO nanowires on nickel foam prepared via "acid hungry" strategy：high supercapacitor performance and robust electrocatalysts for water splitting reaction[J]. Small，2018，14(31)：1800294.

[3] YI T F，LI Y M，WU J Z，et al. Hierarchical mesoporous flower – like $ZnCo_2O_4$@ NiO nanoflakes grown on nickel foam as high – performance electrodes for supercapacitors[J]. Electrochimica Acta，2018，284：128 – 141.

实验 19　超级电容器材料三电极测试

一、实验目的

(1)掌握电化学工作站的基本操作方法及其常规参数的设定方法。

(2)学习对循环伏安曲线进行分析的方法,了解所发生的电化学反应。

(3)学习阻抗数据的处理方法及 Zview 软件的基本操作。

二、实验内容

(1)学习三电极测试体系在电化学工作站上的安装方法,对动力学特性的基本参数进行设定,并进行测试。

(2)利用循环伏安曲线分析其内部电化学反应。

(3)利用 Zview 软件对阻抗曲线进行电路图模拟,分析溶液电阻及电子传递电阻等的阻值大小及其影响因素。

三、实验原理

1. 循环伏安法

循环伏安法是表征超级电容器电极材料电化学性能的重要手段之一,可用于研究电极反应的性质、类型、机理和电极过程动力学,其原理是:在一定的电压范围内对研究电极施加按一定速率线性变化的电位信号(线性电位扫描),当电位达到扫描范围的上(下)限时,再反向扫描至下(上)限,即三角波电势信号扫描,同时自动测量并记录电位扫描过程中电极上的电流响应。通过电化学工作站记录电极材料的电位和响应电流,最终以电压为横坐标,电流为纵坐标绘制循环伏安曲线。实验样品的循环伏安曲线如图 19-1 所示。

循环伏安法可根据曲线的积分面积的大小判定电化学性能的优劣,曲线的对称性反映了材料的可逆性,同时曲线的形状也可以作为确认电极材料的本质属性的依据。当循环伏安曲线是矩形时,则可判断该材料是双电层储能原理,从而电极材料的比电容的计算公式如下所示:

$$C = \frac{i}{mV} \tag{19-1}$$

式中:C —— 比电容($F \cdot g^{-1}$);

　　　m —— 活性物质的质量(g);

　　　V —— 扫描速率($V \cdot s^{-1}$);

i　——　瞬时电流（A）。

但当电极材料的循环伏安曲线不是准矩形时，则需要根据以下公式计算材料的比电容量：

$$C = \frac{1}{mV(V_1 - V_2)} \int_{V_2}^{V_1} i\,dV \qquad (19-2)$$

式中：　C —— 比电容（F g^{-1}）；

　　　　m —— 活性物质的质量（g）；

　　　　V —— 扫描速率（V·s^{-1}）；

　　　　V_2、V_1 —— CV 曲线开始和结束时的电压（V）；

　　　　i —— 瞬时电流（A）。

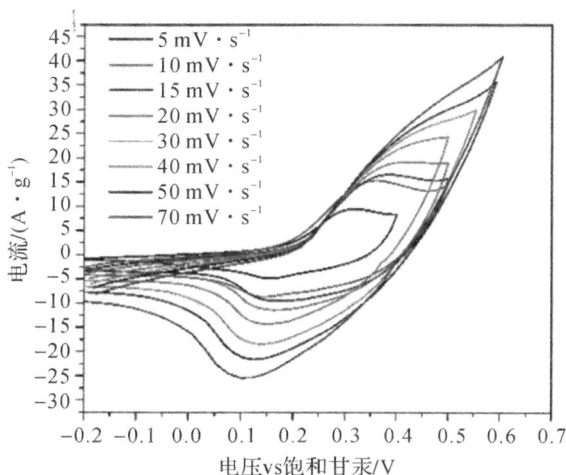

图 19-1　赝电容循环伏安曲线（由内向外分别对应 5～70 mV·s^{-1} 曲线）

2. 恒电流充放电测量比容量

恒电流充放电（又称为计时电位法，Galvanostatic Charge Discharge，GCD）是评价超级电容器的电化学性能的重要标准之一，其工作原理为：在一定的电压范围内，在恒定电流的条件下，对被测电极进行充电和放电测试，记录其电位随时间变化的曲线。实验样品在不同电流下的恒电流光放电曲线如图 19-2 所示。利用恒电流充放电曲线可以计算材料的比电容，具体计算公式如下：

$$C_m = \frac{it_d}{m\Delta V} \qquad (19-3)$$

式中：i　——　充放电流（mA）；

　　　t_d　——　充放电时间（s）；

　　　m　——　电极材料活性物质的质量（mg）；

　　　ΔV —— 充放电电压升高或降低的平均值。

ΔV 可利用充放电曲线进行积分计算而得到：

$$\Delta V = \frac{1}{t_2 - t_1} \int_1^2 V\,dt \qquad (19-4)$$

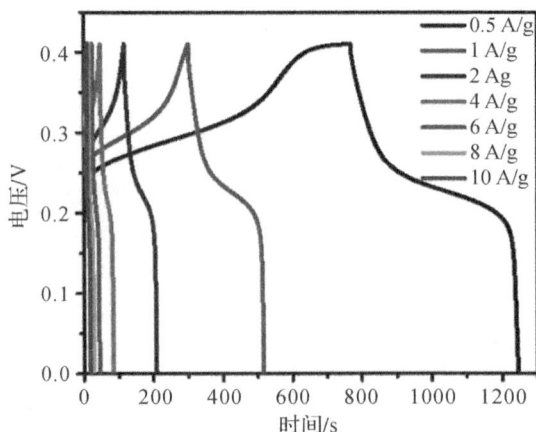

图 19-2　实验样品在不同电流下的恒电流充放电曲线（由右至左分别对应 0.5～10 A/g 曲线）

3. 交流阻抗测试

电化学阻抗谱（EIS）是电化学测量的重要谱图之一，以小振幅的正弦波电势（或电流）为扰动信号，使电极系统产生近似线性关系的响应，测量电极系统在很宽频率范围的阻抗谱。电极过程模拟为由电阻与电容串、并联组成的等效电路，并通过阻抗图谱测得各元件的大小，从而可以得到电极材料的接触电阻和电荷转移电阻，进而分析电化学系统的结构和电极过程的性质等。实验样品（如 NiCo 系列样品）的电化学阻抗谱图如图 19-3 所示。

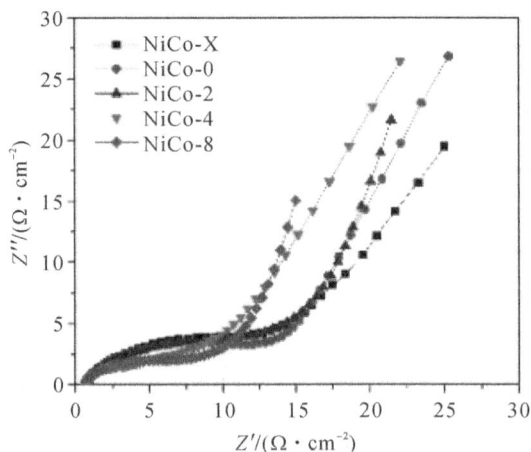

图 19-3　NiCo 系列样品的电化学阻抗谱图

四、仪器与试剂

三电极测试系统（玻璃池、参比电极、对电极、工作电极），科斯特电化学工作站。

五、实验步骤

1. 线性循环伏安测试

（1）将科斯特电化学工作站开关打开后，打开 CorrTest 软件准备测试。

（2）选择测试方法中的"伏安分析"，再选择"线性循环伏安测试"。浏览，并选择已建立的文件夹。

(3)设置初始电位为 0 V,第一顶点电位为 0.5 V,第二初始电位为 0.5 V,扫描速率为 $10~mV\cdot s^{-1}$,循环次数为 10。点击确定后,即开始测试。

(4)随后分别以扫描速率 $5~mV\cdot s^{-1}$、$10~mV\cdot s^{-1}$、$20~mV\cdot s^{-1}$、$50~mV\cdot s^{-1}$、$100~mV\cdot s^{-1}$(循环次数设置为 3,其他参数无需改变)进行测试。

2. 充放电测试

(1)选择测试方法中的充放电测试,再选择恒电流进行充放电测试。浏览,并选择已建立的文件夹。

(2)设置充电电流、放电电流及活性材料质量参数,以 $0.5~A\cdot g^{-1}$ 的电流密度进行测试。

(3)设置当电位大于 0.5 V 时,转为放电,同时循环次数设置为 2,点击确定,即开始测试。

(4)分别以 $1~A\cdot g^{-1}$、$2~A\cdot g^{-1}$、$5~A\cdot g^{-1}$、$10~A\cdot g^{-1}$ 的电流密度进行测试,其他参数设置不变。

3. 交流阻抗测试

选择测试方法中的交流阻抗,再选择阻抗-频率扫描测试。浏览,并选择已建立的文件夹。点击"确定"进行测试。

4. 循环寿命测试

在充放电测试条件中将循环次数设置为特定圈数,再输入具体的充放电电流即可进行测试。

六、结果分析与讨论

(1)使用 Origin 软件绘制循环伏安曲线,通过分析循环伏安曲线,了解所发生的电化学反应。

(2)使用 Zview 软件处理阻抗数据,进行电路图模拟。

七、操作要点及注意事项

(1)在实验过程中尽量不移动三电极体系的位置,以免测试结果受到影响。

(2)应先进行 50 圈左右的循环伏安,待其稳定后再开始正常测试。

(3)根据样品出峰位置,对电压扫描范围进行适当调整。

八、思考题

(1)电解质为中性氯化物溶液时,应采用何种参比电极?

(2)不同扫描速度下,循环伏安曲线面积是否一致?

九、相关阅读

[1] 陈梦华. 镍钴基超级电容器电极复合材料的制备与表征[D]. 西安:西北工业大学,2019.

［2］冯玄圣. 镍钴锰基超级电容器电极材料设计、构筑与电化学性能研究［D］. 西安：西北工业大学，2020.

［3］李岩. 钴基超级电容器电极材料的制备及其电化学性能研究［D］. 西安：西北工业大学，2021.

参 考 文 献

［1］ZHOU J J，WU M K，TAO K，et al. Tanghulu－like NiO microcubes on Co_3O_4 nanowires arrays anchored on Ni foam with improved electrochemical performances for supercapacitors［J］. Journal of Alloys & Compounds，2018，748：496－503.

［2］周恩民，程正富，田亮亮，等. 介孔 NiO 纳米片/泡沫镍复合电极的构建及其在超级电容中的应用［J］. 电子元件与材料，2019，38(1)：20－26.

［3］SUN H，MA Z，QIU Y，et al. Ni@NiO nanowires on nickel foam prepared via "acid hungry" strategy：high supercapacitor performance and robust electrocatalysts for water splitting reaction［J］. Small，2018，14(31)：1800294.

实验 20　氧化石墨烯的制备

一、实验目的

(1)熟悉 Hummers 法制备氧化石墨烯的基本原理、进行的条件和基本操作,了解该过程的反应原理。

(2)掌握磁力搅拌、低温反应、离心洗涤、真空及冷冻干燥等常用实验方法的原理和基本操作,加强实验动手能力。

(3)了解 X 射线衍射仪(XRD)、X 射线光电子能谱仪(XPS)的基本原理,掌握其使用及分析方法。

(4)掌握利用 Origin 软件处理数据、分析数据和绘制数据图的方法。

二、实验内容

(1)根据摩尔比计算原料试剂质量,并准确称取试剂。

(2)通过改进的 Hummers 法制备氧化石墨烯材料。

(3)使用 XRD 对样品进行表征。

(4)使用 XPS 对样品的元素组成和含量、化学状态、分子结构、原子价态和化学键等进行表征。

(5)使用 Excel 软件和 Origin 软件分析数据,绘制 XRD 图、XPS 图,并对结果进行分析和讨论。

三、实验原理

1.氧化石墨烯

石墨烯是一种新型二维碳材料,具有独特的单原子层晶体结构,属于碳族中最薄的材料,它集多种优异特性于一身,如低密度(面密度仅为 0.77 mg/m^2)、高比表面积($2\ 630$ m^2/g)、超高的载流子迁移率[$15\ 000$ cm^2/(V·s)]、低电阻率(10^{-6} Ω·cm)、高热导率[$5\ 300$ W/(m·K)]、高强度等。石墨烯这些优异的特性使其有望满足隐身技术对吸波材料的综合要求,成为一种极具潜力的电磁波吸波材料。

Hummers 法是目前制备氧化石墨烯最为主要的方法。其基本原理是,首先用强氧化剂将石墨氧化成氧化石墨,经超声或其他方法处理后,形成氧化石墨烯(GO)。由此法制备的 GO 因多种氧化剂的加入,具有丰富的含氧基团,如羟基、羧基和羰基等(见图 20-1),这些表面活性基团的存在有利于其与其他材料的复合。

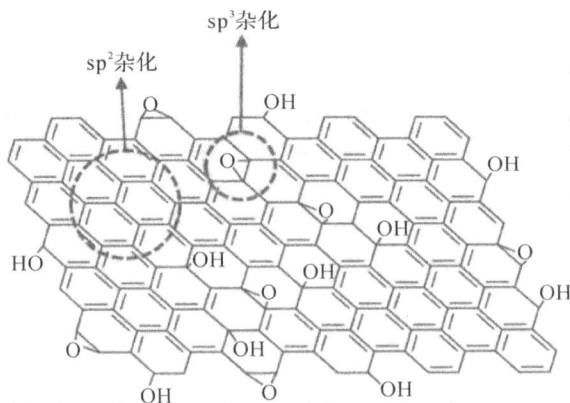

图 20-1 氧化石墨烯结构示意图

2. 反应原理

首先用无机强质子酸(如浓 H_2SO_4)处理原始的石墨粉原料,使得强酸小分子进入石墨层间,而后用强氧化剂(如高锰酸钾)氧化;GO 水分散液在超声波辐射下,使得 GO 层与层剥离而形成氧化石墨烯片。

四、仪器与试剂

1. 实验仪器及设备

冷冻干燥机,低温反应器,电子分析天平,超声波清洗机,磁力搅拌器,真空干燥箱,玛瑙研钵,X 射线衍射仪(XRD),X 射线光电子能谱仪(XPS)。

2. 试剂及材料

硝酸钠($NaNO_3$),浓硫酸(H_2SO_4),鳞片石墨,高锰酸钾($KMnO_4$),硼氢化钠($NaBH_4$),过氧化氢(H_2O_2),超纯水。

五、实验步骤

(1)称量 2 g 硝酸钠并将其加到 1 L 烧杯中,在冰水浴、搅拌条件下缓慢加入 96 mL 浓硫酸,将烧杯置入超声波环境。

(2)待硝酸钠溶解完全后,加入 2 g 鳞片石墨,在冰水浴环境下持续搅拌 0.5 h。

(3)每隔 15 min,称量并加入 $KMnO_4$ 2 g,直至加入 $KMnO_4$ 共 12 g,随后在冰水浴环境下持续搅拌反应 1.5 h。

(4)将 1 L 烧杯移至 35 ℃ 水浴环境中,在持续搅拌下进行 2 h 中温反应。

(5)使用滴液漏斗滴加 80 mL 超纯水,滴液速率控制在 1 滴/s 左右。

(6)使水浴温度升至 90 ℃,在持续搅拌下进行 1 h 高温反应。

(7)加入 200 mL 超纯水,然后缓缓加入 10 mL H_2O_2,用玻璃棒搅拌一下溶液后停止反应。如溶液出现大量气泡,并且颜色变黄,则实验成功,将其静置 48 h 以上。

(8)待烧杯内混合物出现沉降且明显分层后,取下层浊液并加入大量水稀释,以 9 000 r/min 转速多次离心,每次取离心管中下层浊液再用水稀释,直到 pH=7。

(9)以 3 000 r/min 转速离心并取上层液，舍弃下层沉淀，再将所得产物倒入纸杯，进行冷冻干燥。

六、结果分析与讨论

(1)使用 Origin 软件绘制 XRD 图谱，对样品晶型结构进行数据处理和分析。

(2)使用 Origin 软件绘制 XPS 图谱，对表面化学结构进行分析。

七、操作要点及注意事项

(1)制备实验(不含干燥、研磨)用时约 10 h，为一个 10 学时的设计型制备实验；研磨处理及 XRD 测试用时约 1.5 h，为一个 2 学时的表征类实验；XPS 测试用时约 1.5 h，为一个 2 学时的测试类实验。

(2)在加入高锰酸钾时，一定要分批次慢慢加入，否则容易发生危险。

(3)滴加过氧化氢时，注意控制滴加速率。

八、思考题

(1)除使用浓硫酸外，还可以使用哪些氧化剂？

(2)实验中加入过氧化氢的作用是什么？

九、相关阅读

[1] ZHANG Y，HUANG Y，ZHANG T F，et al. Broadband and tunable high‐performance microwave absorption of an ultralight and highly compressible graphene foam[J]. Advanced Materials，2015，27：2049‐2053.

[2] WANG Y，GAO X，FU Y Q，et al. Enhanced microwave absorption performances of polyaniline/graphene aerogel by covalent bonding[J]. Composites Part B：Engineering，2019，169：22180(6)：1339.

参　考　文　献

[1] 张娜. 磁性微纳米颗粒修饰石墨烯多元复合材料的制备及其吸波性能研究[D]. 西安：西北工业大学，2019.

[2] HUMMERS W S，OFFEMAN R E. Preparation of graphitic oxide [J]. Journal of the American Chemical Society，1958，80(6)：1339.

实验 21　石墨/硅/铝基复合导热材料的制备

一、实验目的

（1）熟悉真空浸渗法制备石墨/硅/铝基复合导热材料的基本原理、进行的条件和基本操作。

（2）掌握原料混合、预制体压制、高温煅烧造孔、真空浸渗复合材料等常用实验方法的原理和基本操作，加强实验动手能力。

（3）了解石墨/硅/铝基复合导热材料的导热机理、调控和增强机制，探究不同的石墨体积分数对导热性能的影响。

（4）了解金相显微镜（OM）、场发射扫描电子显微镜（SEM）、能谱分析（EDS）、X 射线衍射仪（XRD）、同步热分析仪（STA）的基本原理，了解上述仪器手段在表征和分析石墨/硅/铝基复合导热材料中的应用。

（5）掌握利用 Origin 软件处理数据、分析数据和绘制数据图的方法。

二、实验内容

（1）根据质量比计算原料试剂质量，并准确称取试剂。

（2）通过冷压法制备不同石墨体积分数的石墨/硅颗粒预制体。

（3）通过真空浸渗法制备不同组分配比的石墨/硅/铝基复合导热材料。

（4）使用 OM 和 SEM 对获得的样品进行结构和微观形貌表征。

（5）使用 XRD、XPS 对获得的样品进行化学组分的表征。

（6）使用 STA 对获得的样品进行导热性能的表征。

（7）使用 Excel 软件和 Origin 软件分析数据、绘制数据图，并对结果进行分析和讨论。

三、实验原理

1. 铝基复合材料

铝及铝合金具有密度低、塑韧性良好、导热性和抗腐蚀性优异、可加工性能好等优点，以其为主体衍生的铝基复合材料已经成为当今研究得最为广泛的金属基复合材料。

传统的铝基复合材料在高温高压等复杂、恶劣的环境下容易暴露出强度低、热导率差等问题，这些缺陷极大地限制了该类材料的在航空航天等领域的大规模应用。基于此，一些增强相材料被添加到复合材料中，以进一步提升材料的综合性能。常见的增强相材料主要分为三类：① 颗粒增强，如鳞片石墨（Gr）、碳化硅颗粒（SiC）、金刚石颗粒、氧化铝颗粒（Al_2O_3）、碳化硼颗粒（B_4C）；② 纤维增强，如碳纤维、石墨纤维、硼纤维等；③ 晶须增强，研究较多的是 SiC。

　　近些年来，碳作为一种极具吸引力的增强体逐渐进入人们的视野，最常见的碳/铝基复合材料包括碳纤维/铝基复合材料（Cf/Al）、碳纳米管/铝基复合材料（CNTs/Al）、金刚石/铝基复合材料（Diamond/Al）、鳞片石墨/铝基复合材料（Gr/Al）等，其性能及优缺点参见图 21-1。

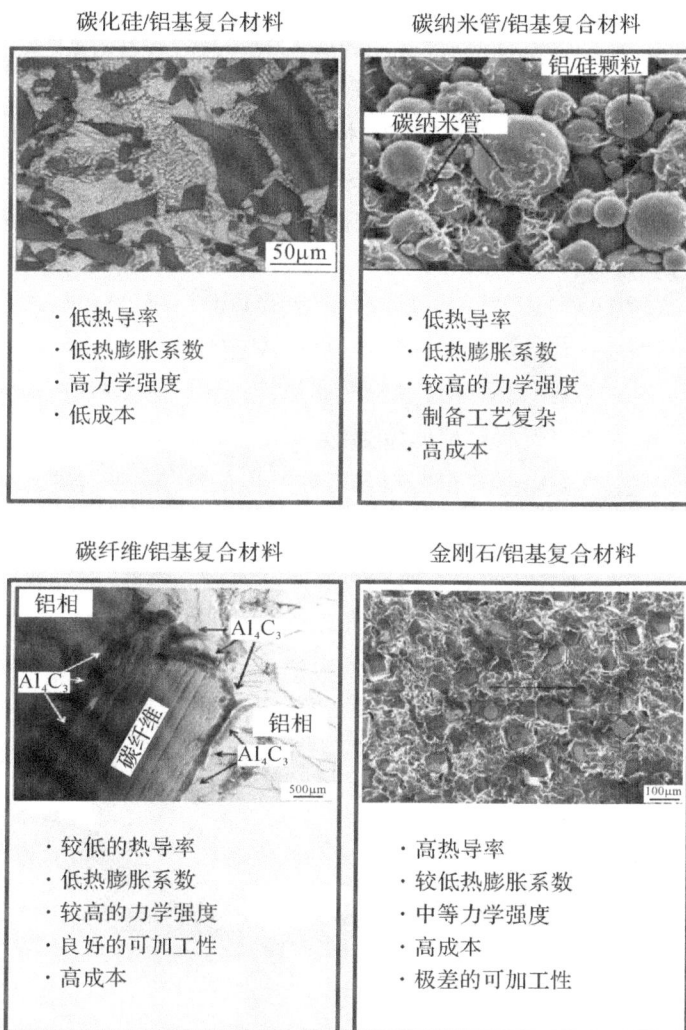

碳化硅/铝基复合材料
- 低热导率
- 低热膨胀系数
- 高力学强度
- 低成本

碳纳米管/铝基复合材料
- 低热导率
- 低热膨胀系数
- 较高的力学强度
- 制备工艺复杂
- 高成本

碳纤维/铝基复合材料
- 较低的热导率
- 低热膨胀系数
- 较高的力学强度
- 良好的可加工性
- 高成本

金刚石/铝基复合材料
- 高热导率
- 较低热膨胀系数
- 中等力学强度
- 高成本
- 极差的可加工性

图 21-1　常见的铝基复合材料的性能及优缺点

2. 石墨/铝基复合材料

　　鳞片石墨作为一种各向异性的增强相，具有优良的润滑性能、热学性能（高热导率、低热膨胀系数）和可加工性。其在平面方向的导热性能远远强于垂直方向，故本实验主要研究、讨论复合材料在水平方向的热导率，而忽略垂直石墨层方向的热导率研究。以石墨为单一增强相的铝基复合材料，尽管热学性能得到了显著的提升，但在石墨/铝复合材料制备过程中主要会出现以下几方面问题：①润湿性。常温下，石墨与铝的润湿性很差，不利于两者形成良好的界面结合。②界面反应。适度的反应有助于界面间的结合，但过度的界面反应会导致有害物质的产生，合理地控制界面反应有助于复合材料性能的改善。③其他问题。石墨颗粒分布不均、气孔疏松等缺陷会影响复合材料最终的致密性，复合材料力学性能不足也会限制其实际应用。

3. 石墨/铝界面反应

石墨和铝作为两种不相容相，不存在明显的化学键合作用，仅靠分子间作用力的物理作用相容，存在明显的界面。制备石墨/铝复合材料时，在一定的温度下，石墨/铝界面间会发生化学反应，反应式如下：

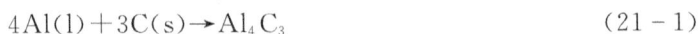

$$4Al(l) + 3C(s) \rightarrow Al_4C_3 \tag{21-1}$$

反应生成的 Al_4C_3 是一种坚硬的陶瓷相，但对复合材料而言是一种有害产物。其含量取决于渗浸温度和在此温度下的时间，温度越高，时间越长，Al_4C_3 含量越多。另外，Al_4C_3 还是一种具有低的热导率、易吸湿而降解的脆性相，该相的生成会极大地造成复合材料导热性能和强度衰减，其在潮湿环境下会逐渐降解，反应式如下：

$$Al_4C_3(s) + 12H_2O(l) \rightarrow 4Al(OH)_3(s) + 3CH_4(g) \tag{21-2}$$

$$Al_4C_3(s) + 6H_2O(l) + 3O_2(g) \rightarrow 4Al(OH)_3(s) + 3C(s) \tag{21-3}$$

在这些腐蚀过程中，伴随体积变化。比如反应式(21-3)中生成的固体将导致复合材料的体积增长 136%，这种体积膨胀会使疲劳损伤产生的裂缝扩大，造成应力集中，对材料性质造成伤害，如图 21-2 所示。此外，Al_4C_3 在界面成细小棒状，而且非常脆，这将使界面强度大幅降低，对材料的力学性能不利。

图 21-2　石墨/铝复合材料碳化物结晶中裂痕的 SEM 照片

近年来，众多研究发现，在铝合金中添加适量的硅颗粒可以降低碳在铝中的溶解度，从而有效地抑制 Al_4C_3 的形成。通常，硅颗粒作为第二种增强相被均匀地分散在相邻的鳞片石墨之间，石墨之间产生的微小空隙浸渗进铝液，使铝液浸渗得更加充分。基于此，本实验构建石墨/硅/铝基复合材料，以形成多相混杂系统，从而提高复合材料的导热性能和强度。

四、仪器与试剂

1. 实验仪器及设备

恒温电热鼓风干燥箱,电子分析天平,电液式压力试验机,管式炉,振动平台,电火花数控线切割,金相试样磨抛机,V 形混料机,冲压模具,金相显微镜(OM),场发射扫描电子显微镜(SEM),能谱分析(EDS),X 射线衍射仪(XRD),同步热分析仪(STA)。

2. 试剂及材料

实验所用的基体合金是 ZL101 铝合金粉末,增强相选用天然鳞片状石墨(500 目)和硅颗粒(平均粒径为 75 μm)。此外,还包括碳酸氢铵(NH_4HCO_3)、尿素[$CO(NH_2)_2$]、淀粉[$(C_6H_{10}O_5)_n$]、氢氧化钠、碳酸钠、磷酸三钠、超纯水、无水乙醇。

五、实验步骤

(1)将所用的鳞片石墨筛分、剔除杂质,置于蒸馏水中超声波清洗 2 h,在 80 ℃下烘干。称取 32 目鳞片石墨 10.5 g、尿素 8 g、200 目硅粉 1 g,再将其放在搅拌器中混合均匀得到混合粉末。

(2)将上一步得到的混合粉末倒入实验模具中,在振动平台上震荡摇匀,施加 25 MPa 压力,制成石墨预制体。

(3)将石墨预制体置于管式炉中煅烧,在氩气保护、400 ℃下保持 2 h,得到多孔的石墨预制体。

(4)将多孔的预制体置于真空气压浸渗室中,在铝合金溶液温度达到 720 ℃时,施加 2 MPa 气体压力,在真空条件下促使铝液浸渗入预制体的孔隙中,保持时间为 5 s。

(5)冷却后脱模,得到最终的复合材料。

(6)使用 OM 和 SEM 对获得的样品进行结构和微观形貌表征。

(7)使用 XRD、XPS 对获得的样品进行化学组分的表征。

(8)使用 STA 对获得的样品进行导热性能的表征。

(9)使用 Excel 软件和 Origin 软件分析数据、绘制数据图,并对结果进行分析和讨论。

(10) 调整(1)步中石墨、尿素的质量配比,硅粉始终保持 1 g,分别得到 5 种不同石墨体积分数的复合材料(a:石墨 10.5 g、尿素 8 g;b:石墨 12.5 g、尿素 6 g;c:石墨 12.5 g、尿素 4.5 g;d:石墨 14.5 g、尿素 4 g;e:石墨 17 g、尿素 4 g),将 5 种样品依次命名为 Gr/Si/Al - a、Gr/Si/Al - b、Gr/Si/Al - c、Gr/Si/Al - d、Gr/Si/Al - e。

六、结果分析与讨论

(1)使用金相显微镜和扫描电子显微镜绘制 SEM 图谱,对样品微观形貌进行观察和分析。

(2)使用 Origin 软件绘制 XRD、XPS 图谱,对样品晶型结构数据进行处理和分析。

(3)使用 Origin 软件绘制热导率曲线和石墨体积分数变化曲线,对导热性能进行分析。

(4)分析数据,撰写实验报告。

七、操作要点及注意事项

(1)制备实验(不含干燥、研磨、烧结)用时约 3 h,为一个 4 学时的设计型制备实验;样品制备(打磨、切割)用时 2.5 h,为一个 2 学时的制备类实验;OM、SEM、XRD 等测试用时约 4 h,为一个 4 学时的表征类实验;特殊样品制备及热导率测试用时约 4 h,为一个 4 学时的测试类实验。

(2)实验用到的鳞片石墨需要提前进行表面清洁和干燥,花费时间较长,可以由教师提前准备。

(3)实验中多个步骤涉及高温、高压条件,学生必须在教师的指导和监督下完成实验。

八、思考题

(1)本实验设计的 5 种样品中石墨的体积分数分别是多少? 不同的体积分数是如何实现的?

(2)如何实现石墨预制体到多孔石墨预制体的转变? 你所了解的造孔剂都有哪些?

(3)在复合材料的制备过程中为什么要添加硅颗粒? 其对复合材料导热性能的增强机理是什么?

九、相关阅读

[1] HUANG Y, PENG X Y, YANG Y W, et al. Electroless Cu/Ni plating on graphite flake and the effects to the properties of graphite flake/Si/Al hybrid composites[J]. Metals and Materials International, 2018, 24(5): 1172 - 1180.

[2] 杨毅文, 黄英, 吴海伟, 等. 石墨/铝复合材料制备中的关键问题及其对策[J]. 材料开发与应用, 31(2): 103 - 110.

[3] ZHOU C, JI G, CHEN Z, et al. Fabrication, interface characterization and modeling of oriented graphite flakes/Si/Al composites for thermal management applications[J]. Materials & Design, 2014, 63: 719 - 728.

参 考 文 献

[1] 杨毅文. 石墨/硅/铝基复合材料的界面结合机理及性能研究[D]. 西安: 西北工业大学, 2017.

[2] YANG Y W, HUANG Y, WU H W, et al. Interfacial characteristic, thermal conductivity, and modeling of graphite flakes/Si/Al composites fabricated by vacuum gas pressure infiltration[J]. Journal of Materials Research, 2016, 31(12): 1723 - 1731.

实验 22　X 射线衍射仪测试粉末样品的晶型

一、实验目的

(1)了解 X 射线衍射仪的结构及工作原理,了解粉末样品 X 衍射图谱的测试方法。

(2)掌握通过测量这些衍射光束的角度和强度测试粉末样品的成分和晶体结构的工作原理和基本操作。

(3)掌握粉末样品 X 射线衍射谱图、材料的成分、材料内部原子或分子的结构或形态的数据处理方法,了解如何借助 X 射线衍射图谱对样品的晶体结构进行分析。

(4)了解样品放置载玻片的材料对 X 射线衍射图谱和测试结果的影响。

(5)掌握利用 Origin 软件进行数据分析和绘图的方法。

二、实验内容

(1)借助研钵研磨样品至粉末状。通常定量分析的样品细度应在 45 μm 左右,即应过 325 目筛。

(2)将适量粉末样品放置在载玻片上,并用玻璃片压制均匀。

(3)使用 X 射线衍射仪以 8 °/min 的速度对样品进行衍射扫描。

(4)使用 Origin 软件绘图,并对结果进行分析和讨论。

三、实验原理

1. X 射线衍射仪

X 射线衍射分析仪(见图 22-1)是利用衍射原理,精确测定物体的晶体结构、织构及应力,精确地进行物相分析、定性分析、定量分析的设备,广泛地应用于冶金、石油、化工、航空航天、材料等领域的科研、教学和生产过程中。

X 射线是一种波长(0.06～20 Å,1 Å=10^{-10} m)很短的电磁波,能穿透一定厚度的物质,并能使荧光物质发光、照相机乳胶感光、电气电离。用高能电子束轰击金属靶产生 X 射线,由于它具有靶中元素相对应的特定波长,被称为特征 X 射线。在测试前,将所得样品研磨成粉末状进行测试,采用北京普析公司生产的 X 射线衍射仪对样品进行测试;管压为 35 kV,管电流为 25 mA,X 射线源为 Cu 靶(λ=0.154 06 nm),扫描范围为 5°～85°,扫描步长为 8°/min。

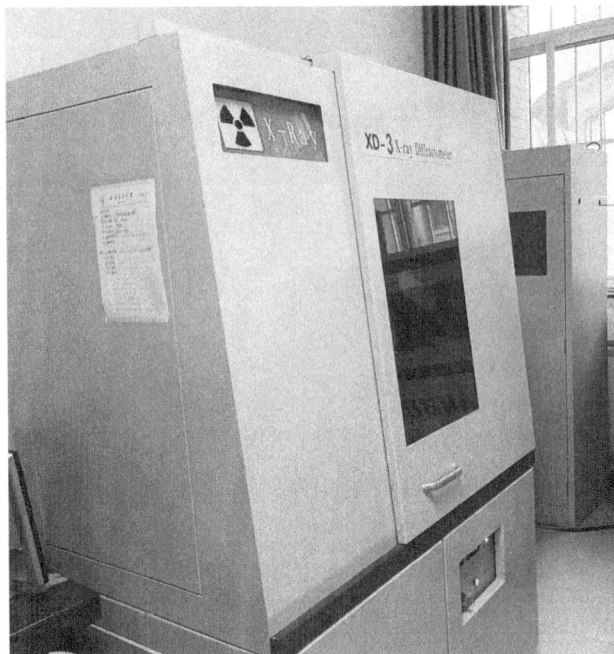

图 22-1 X 射线衍射仪实物图

2. X 射线衍射基本原理

1912 年,德国物理学家劳厄(M. von Laue)提出了一个重要科学预见:X 射线的波长和晶体内部原子面之间的间距相近,晶体可以作为 X 射线的空间衍射光栅,即当一束 X 射线照射到物体上时,受到物体中原子的散射,每个原子都会产生散射波,这些波互相干涉,结果就产生衍射。衍射波叠加的结果使射线的强度在某些方向上加强,在其他方向上减弱,分析衍射结果,便可获得晶体结构。该科学预见随即被实验所证实。

X 射线衍射作为一种电磁波,当其投射到晶体中时,会受到晶体中原子的散射,而散射波就像是从原子中心发出的,每个原子中心发出的散射波类似于源球面波。由于原子在晶体中是呈周期排列的,这些散射球波之间存在固定的相位关系,会导致在某些散射方向的球面波相互加强,而在某些方向上的球面波相互抵消,从而出现衍射现象。每种晶体内部的原子排列方式是唯一的,对应的衍射花样是唯一的,类似于人的指纹,因此可以进行物相分析。其中,衍射花样中衍射线的分布规律由晶胞的大小、形状和位向决定。衍射线的强度是由原子的种类和它们在晶胞中的位置决定的。对于晶体材料,当待测晶体与入射束成不同角度时,那些满足布拉格衍射的晶面就会被检测出来,体现在 XRD 图谱上就是具有不同的衍射强度的衍射峰。对于非晶体材料,由于其结构不存在晶体结构中原子排列的长程有序,只是在几个原子范围内存在着短程有序,故非晶体材料的 XRD 图谱为一些漫散射。

3. 计算公式

(1)布拉格定律。每一种结晶物质都有特定的晶体结构,包括点阵类型、晶面间距等参数。用具有足够能量的 X 射线照射试样时,试样中的物质受激发,会产生二次荧光 X 射线,晶体的晶面反射遵循布拉格定律,公式如下:

$$2d\sin\theta = n\lambda \tag{22-1}$$

式中：λ ——X 射线的波长；

θ ——衍射角；

d ——结晶面间隔；

n ——整数。

波长 λ 可用已知的 X 射线测定，进而求得晶面间距，即结晶内原子或离子的规则排列状态。

(2)谢乐公式。X 射线的衍射谱带的宽化程度和晶粒的尺寸有关，晶粒变小，其衍射线将会变得弥散而宽化。谢乐公式又称为 Scherrer 公式，描述晶粒尺寸与衍射峰半峰宽之间的关系，具体如下：

$$D = \frac{K\lambda}{\beta\cos\theta} \tag{22-2}$$

式中：β —— 衍射峰半宽高；

$K = 0.89$。

利用该方程计算平均粒度需要注意：β 为半峰宽度，即衍射强度为极大值一半处的宽度，单位为弧度，测定范围为 3～200 nm。图 22-2 为借助 Excel 和 Origin 软件绘制得到的 $CoFe_2O_4@C/rGO$ 和 $CoFe_2O_4$ 的 XRD 分析谱图。

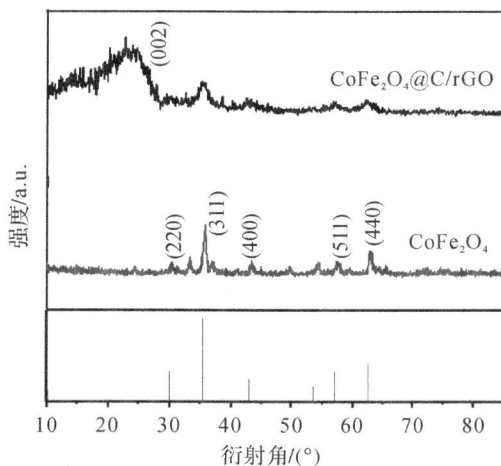

图 22-2　$CoFe_2O_4@C/rGO$ 和 $CoFe_2O_4$ 样品的 XRD 分析谱图

四、仪器与试剂

1. 实验仪器及设备

电子分析天平，载玻片，研钵，X 射线衍射仪(XRD)。

2. 试剂及材料

待测的粉末样品。

五、实验步骤

(1)借助研钵研磨样品至粉末状,通常定量分析的样品细度应在 45 μm 左右,即应过 325 目筛。

(2)开启循环水,等待仪器预热 20~30 min,注意检查循环水温度是否在 20 ℃附近。

(3)开启电脑主机,开启 XRD 电源。

(4)在 XRD 仪器稳定 2 min 后,将压制好的被测样品放置在测试架上。

(5)进入 XRD 桌面系统,单击"射线控制"进行升压设置,依次按照高压 15 kV、低压 6 kV,高压 20 kV、低压 10 kV,高压 30 kV、低压 15 kV,高压 36 kV、低压 20 kV 来设置。注意每次升压都要等系统稳定后再继续下一次升压。

(6)设置射线扫描范围为 10°~80°,扫描步长为 2°/min。

(7)实验条件设定以后,点击开始测试。

(8)将样品从载玻片上取下,将样品装袋处理,清洗干净载玻片,放置其他待测样品,重复上述测试操作,即可完成对其他样品的测试。

(9)测试完成后,点击"保存数据"将数据保存。

(10)降高压。X 射线降压控制,依次按照高压 30 kV、低压 20 kV,高压 30 kV、低压 15 kV,高压 20 kV、低压 10 kV,高压 15 kV、低压 6 kV 来设置。注意每次降压都要等系统稳定后再继续下一次降压。

(11)关闭 XRD 桌面系统,关闭电脑主机,关闭 XRD 测试仪器。

(12)最后关闭循环水。

六、结果分析与讨论

(1)参考图 22-2,使用 Origin 软件绘制样品 XRD 测试曲线。

(2)使用 Jade 软件处理数据,对材料进行衍射峰的指标化,进行晶格参数的计算,根据标样对晶格参数进行校正,计算峰的面积和质心。

(3)尝试利用 JCPDS 标准对比卡片精确分析材料的组成。

七、操作要点及注意事项

(1)仪器开启后要等仪器预热 30 min 左右,待其稳定后再开始正常测试。

(2)射线扫描范围根据样品所需峰位置不同而适当调整,范围一般为 5°~85°。

(3)测量时应随时注意循环水的温度,避免温度过高造成仪器损害。

(4)在 XRD 运行过程中,尽量远离工作的仪器设备,避免大量辐射危害人体。

八、思考题

(1)已知 X 射线衍射数据,如何计算晶格尺寸和晶格常数?

(2)如何由 XRD 图谱确定所做样品是否为准晶结构? XRD 图谱中非晶、准晶和晶体的结构如何严格区分?

(3)如何分辨不同衍射角对应的晶面?

(4)对样品进行 XRD 测试能看出其纯度和含有的官能团吗?

九、相关阅读

[1] 黄继武. 多晶材料 X 射线衍射:实验原理、方法与应用[M]. 北京:冶金工业出版社,2012.

[2] 廖立兵. X 射线衍射方法与应用[M]. 北京:地质出版社,2008.

[3] 潘峰. X 射线衍射技术[M]. 北京:化学工业出版社,2016.

参 考 文 献

[1] 江超华. 多晶 X 射线衍射技术与应用[M]. 北京:化学工业出版社,2014.

[2] 徐勇. X 射线衍射测试分析基础教程[M]. 北京:化学工业出版社,2014.

[3] ZHAO X X, HUANG Y, LIU X D, et al. Core-shell $CoFe_2O_4$@C nanoparticles coupled with rGO for strong wideband microwave absorption[J]. Journal of Colloid and Interface Science,2022,607:192-202.

实验 23　振动样品磁强计测试粉末样品的磁性能

一、实验目的

(1)了解振动样品磁强计(VSM)的结构及工作原理,了解粉末样品磁滞回线的测试方法。

(2)掌握通过反复振动磁性样品来测试其磁化曲线的工作原理和基本操作。

(3)掌握粉末样品磁化强度(M-H)曲线的处理方法,了解如何借助磁滞曲线对样品的磁性能进行分析。

(4)了解样品测试环境对测试结果的影响。

(5)掌握利用 Origin 软件进行数据分析和绘图的方法。

二、实验内容

(1)使用 VSM 测量磁性粉末的 M-H 曲线。

(2)根据测试数据得出样品矫顽力 H_c、饱和磁化强度 M_s 和剩余磁化强度 M_r 等参数。

(3)使用 Origin 软件绘图,并对结果进行分析和讨论。

三、实验原理

1. 振动样品磁强计

振动样品磁强计是一种常用的测量样品磁性的装置。利用它可以直接得到磁性材料的磁化强度随温度变化曲线、磁化曲线和磁滞回线,能给出磁性的相关参数,诸如矫顽力 H_c、饱和磁化强度 M_s 和剩余磁化强度 M_r 等。同时,还可以利用它得到磁性多层膜有关层间耦合的信息。

本实验采用南京大学仪器厂的 HH-15 型号的振动样品磁强计,图 23-1 为 HH-15 VSM 实物图。磁场线圈由扫描电源激磁,产生强度最大为 13 000 Oe(1 Oe=79.6 A/m)的磁化场,其扫描速度和幅度均可自由调节。检测线圈采用全封闭型四线圈无净差式,具有较强的抑制噪声能力并且有效输出信号大,保证了整机的高分辨性能。

2. 测量基本原理

装在振动杆上的样品位于磁极中央感应线圈中心连线处,位于外加均匀磁场中的小样品在外磁场中被均匀磁化,小样品可等效为一个磁偶极子。其磁化方向为平行于原磁场方向,并将在周围空间产生磁场。在驱动线圈的作用下,小样品围绕其平衡位置作频率为 ω 的简谐振动而形成一个振动偶极子。振动偶极子产生的交变磁场导致探测线圈中产生交变的磁通量,从而产生感生电动势 ε,其大小与样品的总磁矩 μ 成正比,即

$$\varepsilon = K\mu \tag{23-1}$$

式中:K——比例系数,与线圈结构、振动频率、振幅和相对位置有关。当它们固定后,K 为
　　　常数,可用标准样品标定。

图 23-1　振动样品磁强计

　　由感生电动势的大小可得出样品的总磁矩,再除以样品的体积即可得到磁化强度。因此,记录下磁场总磁矩的关系后即可得到被测样品的磁化曲线和磁滞回线。在感应线圈的范围内,样品在垂直磁场方向振动。

　　图 23-2 为借助 Excel 和 Origin 软件绘制得到的 $CoFe_2O_4@C/rGO$、$CoFe_2O_4@C$ 和 $CoFe_2O_4$ 的 VSM 分析谱图。

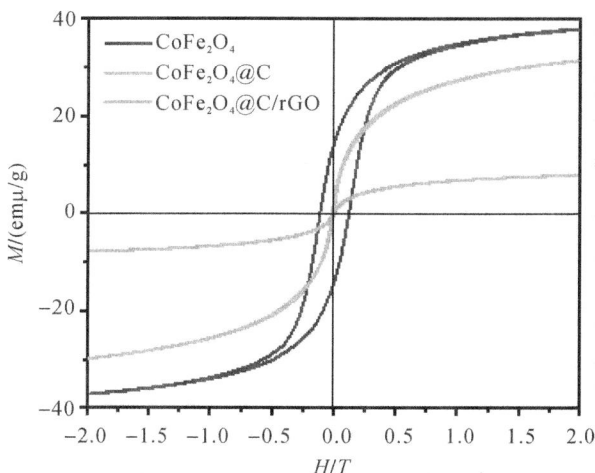

图 23-2　$CoFe_2O_4@C/rGO$、$CoFe_2O_4@C$ 和 $CoFe_2O_4$ 的 VSM 分析谱图

四、仪器与试剂

1. 实验仪器及设备

电子分析天平,称量纸,研钵,振动样品磁强计(VSM)。

2. 试剂及材料

待测的粉末样品。

五、实验步骤

1. VSM 开机

(1)打开循环水(逆时针旋转水阀开关90°)。

(2)打开总电源开关。

(3)打开计算机,双击桌面上的函数记录仪图标,启动软件。

(4)将控制柜的前两个开关打开,向右调整为"0"刻度,即将磁场设置为 0,等待大约 30 s,电压量程调整到"10 mV"。

(5)观察电磁铁电源上各显示灯的情况,若没有异常则继续操作,若有异常应查明原因后再继续进行样品测试。

2. 样品测试

(1)制样,精确称取约 10 mg 粉末,用称量纸紧密将其包裹成片状。

(2)放样,将样品粘在磁强计振动头上,开启信号发生器功率输出。

(3)按动控制柜的"启动键"开始测量,同时按动"电脑测试"上的"记录"按钮。

(4)测试完毕后,在扫描电流为零时,按下扫描电源的扫描开关,将磁场归零。同时按动"电脑测试"上的"停止"按钮。

(5)用测试数据 y 值除以质量即可得到 M–H 曲线。

3. VSM 关机

(1)将控制柜的前两个开关关闭。

(2)打开计算机,双击桌面上的函数记录仪图标,启动软件。

(3)打开总电源开关。

(4)关闭循环水(顺时针旋转水阀开关90°)。

六、结果分析与讨论

(1)参考图 23–2,使用 Origin 软件绘制样品 VSM 测试曲线。

(2)由磁滞回线计算出每个样品的饱和磁化强度 M_s、剩余磁化强度 M_r 和矫顽力 H_c。

(3)根据测试所得曲线可以判断出材料属于哪种磁体。

七、操作要点及注意事项

(1)要等循环水稳定后方可调 VSM 参数。

(2)样品磁粉的实际质量要根据实际样品的磁性强弱来确定,磁性强的 5～20 mg 即可,磁性弱的 30 mg 以上。

（3）在测试前要根据磁性样品的磁性强弱计算量程，未知样品一般从"10mV"开始测试，超出测量范围则需要将量程调大一个数量级，测量数据过小则需要将量程调小一个数量级。

（4）测量时，样品杆必须保持清洁，特别是不能沾有磁性污染物。

（5）注意先关振动再取样。

八、思考题

（1）请描述一个铁磁性样品的反磁化过程。

（2）试分析如何才能更准确地测出样品的磁化强度值。

（3）请绘制出不同材质样品的退磁曲线。

（4）哪些因素会影响磁矩测量精度？

九、相关阅读

［1］钟文定. 铁磁学［M］. 北京：科学出版社，1998.

［2］严密. 磁学基础与磁性材料［M］. 杭州：浙江大学出版社，2019.

参 考 文 献

［1］王秉中. 计算电磁学［M］. 北京：科学出版社，2018.

［2］ZHAO X X，HUANG Y，LIU X D，et al. Core - shell $CoFe_2O_4$@C nanoparticles coupled with rGO for strong wideband microwave absorption［J］. Journal of Colloid and Interface Science，2022，607：192 - 202.

实验 24　粉末样品的热失重分析

一、实验目的

（1）了解热重分析仪的结构及工作原理，了解粉末样品热失重分析的测试方法。

（2）掌握通过观察样品的质量随温度或时间的变化过程，获取失重比例、失重温度以及分解残留量等相关信息的方法。

（3）掌握利用 Origin 软件进行 TGA 数据分析和绘图的方法。

二、实验内容

（1）借助研钵研磨样品至粉末状，称取粉末样品，通常定量分析的样品质量应在 5～10 mg。

（2）采用 METTLER 热重分析仪对样品进行热分析，测试中升温速率为 10 ℃/min。

（3）使用 Excel 软件分析数据，使用 Origin 软件绘图，并对结果进行分析和讨论。

三、实验原理

热重分析法（TGA），是指样品处于一定的温度程序（升/降/恒温）控制下，观察样品的质量随温度或时间的变化过程，获取失重比例、失重温度（起始点、峰值、终止点等）以及分解残留量等相关信息。TGA 广泛应用于塑料、橡胶、涂料、药品、催化剂、无机材料、金属材料与复合材料等各领域的研究开发、工艺优化与质量监控，可以测定材料在不同气氛下的热稳定性与氧化稳定性，可对分解、吸附、解吸附、氧化、还原等物化过程进行分析，包括利用 TGA 测试结果进一步做表观反应动力学研究。另外，可对物质进行成分的定量计算，测定水分、挥发成分及各种添加剂与填充剂的含量。

图 24-1 为顶部装样式的热重分析仪结构示意图。炉体为加热体，在一定的温度程序下运作，既可以在炉内通以不同的动态气氛（如 N_2、Ar、He 等保护性气氛，O_2、Air 等氧化性气氛及其他特殊气氛等），又可以在静态气氛或真空下进行测试。在测试进程中，样品支架下部连接的高精度天平随时感知样品当前的重量，并将数据传送到计算机，由计算机绘制出样品重量对温度或时间的曲线（TG 曲线）。当样品发生重量变化（其原因包括分解、氧化、还原、吸附与解吸附等）时，会在 TG 曲线上体现为失重（或增重）台阶，

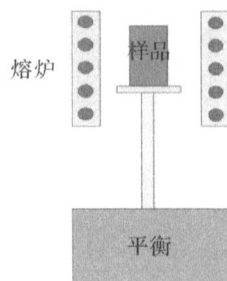

图 24-1　热重分析仪结构示意图

由此可以得知该失重(或增重)过程所发生的温度区域,并定量计算失重(或增重)比例。典型的热失重曲线如图 24-2 所示。

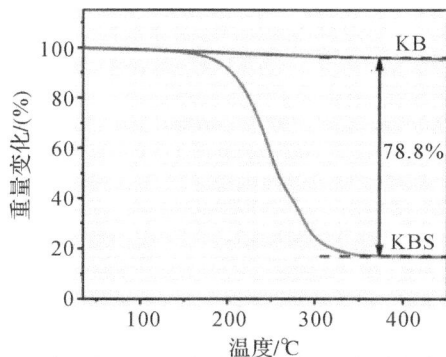

图 24-2　KBS复合材料和纯 KB 的热失重分析曲线

现代的热重分析仪结构较为复杂,除了基本的加热炉体与高精度天平外,还有电子控制部分、软件,以及一系列的辅助设备。图 24-3 所示为 METTLER 热重分析仪实物图。

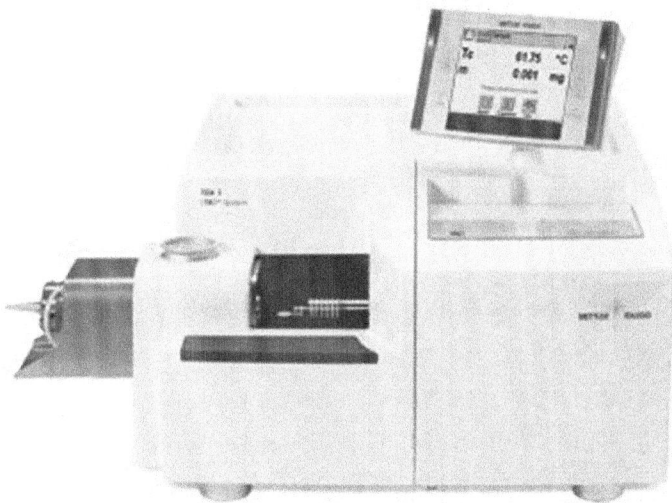

图 24-3　METTLER 热重分析仪实物图

四、仪器与试剂

1. 实验仪器及设备

坩埚,钥匙,镊子,METTLER TGA2 型热重分析仪。

2. 试剂及材料

待测的样品粉末。

五、实验步骤

(1)依次开启稳压电源、工作站、气体流量计、主机(开关均在后面)、电脑,打开氮气瓶,循环水泵,调节气流量在 20 mL/min 左右。

(2)打开软件,点击新建,添加程序段,设置温度范围为 35～800 ℃、升温速度为 10 ℃/min、气氛为 N_2、气流量为 30 mL/min,填写样品名称,勾选第一测量值,发送实验。

(3)点击 Furance 开门,放置空坩埚,关门,清零,等待出现"等待装样"提示;点击 Furance 开门,将约 5～10 mg 的样品粉末放入坩埚,关门,点击"procceed"按钮开始测试。

(4)测试完成后,打开数据处理窗口,保存,导出其他格式,保存。

(5)依次关闭软件、TGA 仪器、电脑、氮气瓶、循环水泵。

六、结果分析与讨论

(1)参考图 24－2,使用 Origin 软件绘制样品热失重测试曲线。

(2)计算热失重损失含量。

七、操作要点及注意事项

(1)使用坩埚时要轻拿轻放,防止进气管断裂。

(2)最高温度为 1 100 ℃,热重坩埚规格为 70 μL。

(3)测试期间避免待机时间过长,否则容易引发循环水结冰报警。

(4)出口要定期清理,防止沉积物堵死出口。

八、思考题

为什么要控制升温速率? 升温过快有何后果?

九、相关阅读

[1] 宗蒙. 两类纳米颗粒共修饰石墨烯复合材料的制备及其吸波性能研究[D]. 西安:西北工业大学,2017.

[2] ZONG M, HUANG Y, ZHAO Y, et al. Facile preparation, high microwave absorption and microwave absorbing mechanism of RGO － Fe_3O_4 composites[J]. RSC Advances, 2013, 3: 23638 － 23648.

[3] ZONG M, HUANG Y, ZHANG N. Reduced graphene oxide － $CoFe_2O_4$ composite: Synthesis and electromagnetic absorption properties[J]. Applied Surface Science, 2015, 345: 272 － 278.

[4] ZONG M, HUANG Y, ZHANG N, et al. Influence of (RGO)/(ferrite) ratios and graphene reduction degree on microwave absorption properties of graphene composites[J]. Journal of Alloys and Compounds, 2015, 644: 491 － 501.

参 考 文 献

[1] 沈兴. 差热、热重分析与非等温固相反应动力学[M]. 北京:冶金工业出版社,1995.

[2] 徐朝芬,孙学信,郭欣. 热重分析试验中影响热重曲线的主要因素分析[J]. 热力发电,

2005，34(6)：34 - 36.

[3] 光昭旭. 包覆型致密复合碳材料在锂硫电池中的应用研究[D]. 西安：西北工业大学，2020.

实验 25　粉末样品的比表面积测试

一、实验目的

(1)了解比表面积测试仪(BET)的结构及工作原理,熟悉测试操作流程。

(2)熟练掌握通过氮吸附法测定粉末样品的比表面积和孔隙率的基本操作方法。

(3)掌握粉末样品比表面积分析谱图、孔体积、孔径分析数据处理方法。

(4)掌握通过氮吸附法获得比表面积数据的方法,学会绘制粉末样品比表面积、孔隙率图谱。

(5)掌握利用 Origin 软件进行数据分析和绘图的方法。

二、实验内容

(1)借助研钵研磨样品至粉末状,清洗样品管和填充棒并干燥。

(2)称取适量粉末样品并用漏斗置于样品管内,放入填充棒。

(3)使用比表面积测定仪,首先对样品进行脱气处理,然后进行测试。

(4)使用 Origin 软件绘图,并对结果进行分析和讨论。

三、实验原理

1. 比表面积测试仪简介

比表面积测试仪是基于使一定量的空气透过具有定孔隙率和定厚度的压实粉层时所受的阻力不同而进行测定的,它广泛应用于测定水泥、陶瓷、磨料、金属、煤炭、食品、火药等粉状物料的比表面积。比表面积的影响因素有很多,材料内部的孔结构、材料表面的粗糙程度都会影响材料的比表面积。因此,比表面积测试仪是生产、科研和教学工作中不可或缺的分析仪器设备。

本实验采用最常用的氮吸附法对样品的比表面积和孔隙率进行测定。氮吸附法测定固体比表面积和孔径分布依据的是气体在固体表面的吸附规律。在恒定温度下,在平衡状态时,一定的气体压力对应于固体表面一定的气体吸附量,改变压力可以改变吸附量。平衡吸附量随压力变化的曲线称为吸附等温线,对吸附等温线的研究与测定不仅可以获取有关吸附剂和吸附质性质的信息,还可以计算固体的比表面积和孔径分布。本实验采用 BEL - sorp 型比表面积仪(见图 25 - 1)测定,该仪器生产厂家为日本 BEL 公司。

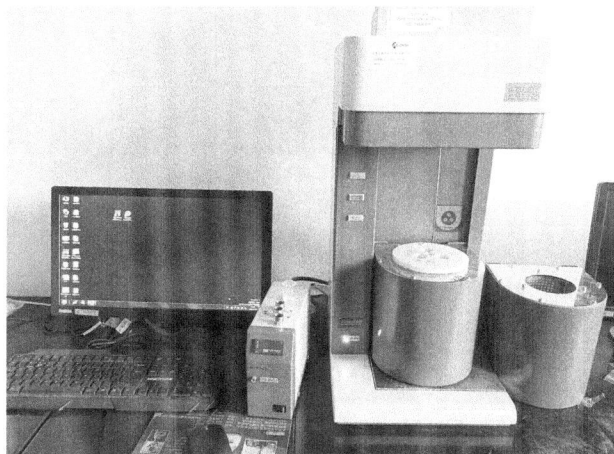

图 25 - 1　比表面积测试仪实物图

2.比表面积测试基本原理

比表面积是指单位体积或单位质量上颗粒的总表面积,分外表面积和内表面积两类。理想的非孔性物料只具有外表面积,如硅酸盐水泥、黏土矿物粉粒等;有孔和多孔物料具有外表面积和内表面积,如石棉纤维、岩(矿)棉、硅藻土等。固体有一定的几何外形,借助一定的仪器和计算可求得其表面积。但粉末或多孔性物质表面积的测定较困难,它们不仅具有不规则的外表面,还有复杂的内表面。比表面积的测量,无论在科研还是工业生产中都具有十分重要的意义。如石棉比表面积的大小,对它的热学性质、吸附能力、化学稳定性、开棉程度等均有明显的影响。一般比表面积大、活性大的多孔物吸附能力强。

比表面积的测定方法主要有动态法和静态法。动态法是,将待测粉体样品装在 U 形样品管内,使含有一定比例吸附质的混合气体流过样品,根据吸附前、后气体浓度的变化来确定被测样品对吸附质分子(N_2)的吸附量。静态法根据确定吸附量方法的不同分为重量法和容量法。重量法是根据吸附前、后样品重量变化来确定被测样品对吸附质分子(N_2)的吸附量的,由于其具有分辨率低、准确度差、对设备要求很高等缺陷如今已很少使用。由吸附量来计算比表面积的理论很多,如朗格缪尔吸附理论、BET 吸附理论、统计吸附层厚度法吸附理论等,在大多数情况下,BET 理论在比表面计算方面与实际值吻合较好,被比较广泛地应用于比表面积测试。通过 BET 理论计算得到的比表面积又叫 BET 比表面积。

以氮气为吸附质,以氦气或氢气为载气,两种气体按定比例混合,达到指定的相对压力,然后流过固体物质。当样品管放入液氮保温时,样品即对混合气体中的氮气发生物理吸附,而载气则不被吸附,这时屏幕上即出现吸附峰。当液氮被取走时,样品管重新处于室温,吸附氮气就脱附出来,在屏幕上出现脱附峰。最后,在混合气中注入已知体积的纯氮,得到一个校正峰。根据校正峰和脱附峰的峰面积,即可算出在该相对压力下样品的吸附量。改变氮气和载气的混合比,可以测出几种不同氮的相对压力下的吸附量,从而可根据 BET 公式计算比表面积。图 25 - 2 为借助 Excel 和 Origin 软件绘制得到的竹子系列衍生物的 BET 分析谱图。

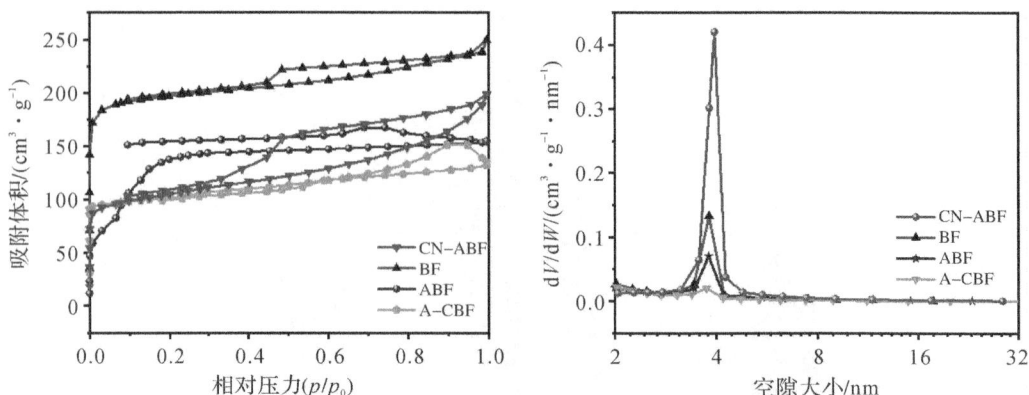

图 25-2 竹子系列衍生物的比表面积和孔径分布分析谱图

碳化竹纤维(BF)、碳化-活化竹纤维(A-CBF)、活化-碳化竹纤维(ABF)、钴镍掺杂 ABF(CN-ABF)

四、仪器与试剂

1. 实验仪器及设备

电子分析天平,样品管,填充棒,比表面积测试仪(BET)。

2. 试剂及材料

液氮、待测的粉末样品。

五、实验步骤

(1)开机。打开电脑,然后打开仪器开关(仪器背面),泵自动启动(未启动则手动开泵),最后打开测试软件 BELSORP-mini。

(2)样品称量。首先称取样品管、填充棒、滤塞、泡沫样品台总质量,记录为质量①;随后用漏斗将样品倒入样品管,样品质量约为 0.1 g(若比表面积大于 100 m^2/g,质量可为 0.05~0.1 g;若比表面积小于 10 m^2/g,建议称取 0.2 g 以上),称取含有样品的样品管、填充棒、滤塞、泡沫样品台总质量,记录为质量②;最后称量脱气结束后的含有样品的样品管、填充棒、滤塞、泡沫样品台总质量,记录为质量③。

(3)脱气。将加热罐安装至仪器上。将样品管装到仪器上,点击"Pretreatment""Pretreatment sample"为选择需要测试的通道,在对应的"port"前打√;通过"Pretreatment time"设置脱气时间,至少 120 min(微孔样品需 240 min 以上);设置完毕,点击"start only pretreatment",开始脱气,等待 2 min 左右,弹出窗口,点击"ok"。

(4)热处理。脱气 40 min 左右,会弹出窗口,此时开启加热装置,点击"ok",随后点击仪器上绿色的上升按钮,则热处理开始,时间为软件中前处理设定时间。热处理温度在加热装置上设置。

(5)样品质量确定。当软件上显示"Thank you for waiting"时,则前处理结束,方可卸下样品管。关闭加热装置。此时称量即为上文所述质量③,样品实际质量为质量③-质量①。

(6)测试。将装满液氮的杜瓦罐安装至仪器上。点击"Measurement",选择 use DVd file→

please set Dvd file name(选择死体积文件)→port1,2,3(选择测试通道,不测试的需点击通道对应的 skip)→Data file name(选择储存位置及样品名)→sample(输入样品名)→sample weight(输入样品质量)→Start measurement→等待 2～3 min,点击"ok",即开始测试。

（7）结束。当软件上显示"Measurement is complete(Thank you for waiting)"时,杜瓦罐下降,则测试结束,可卸下样品管。点击"Exit"关闭软件→关闭泵→关闭仪器→关闭电脑。

（8）数据导出。点击桌面上 BELMaster7→File→open→A/D isotherm →BET→Mesopore distribution analysis(BJH)→NLDFT,数据导出完毕,点击 File→report setting→将左边对话框中需导出的文件拖入打开窗口空白处→output report(选择储存位置),等待 3～5 min,数据即导出完毕。

六、结果分析与讨论

（1）参考图 25－2,使用 Origin 软件绘制样品 BET 测试曲线。
（2）根据吸附脱附等温线和孔径分布曲线对材料的内部结构进行分析。
（3）尝试利用比表面积和孔隙率分析谱图对比不同材料的孔径分布。

七、操作要点及注意事项

（1）注意在对粉末样品测试之前要对样品进行 1～2 h 的脱气操作。
（2）液氮要尽可能装满液氮罐,防止实验过程中挥发过快影响实验结果。
（3）倾倒液氮时要避免液氮泄露,以致沾染皮肤造成冻伤。
（4）切记测试时要在加入样品后再放入填充棒。

八、思考题

（1）已知吸附、脱附数据,如何计算粉末样品的比表面积?
（2）如何根据脱附等温线计算孔径分布数据?
（3）细孔的不同大小和数量对吸附性能和催化性能有什么影响?
（4）通过等温线如何分析材料的比表面积?

九、相关阅读

[1] 候渊. 石墨烯类粉体比表面积的氮气吸附法测量条件与不确定度评定[J]. 理化检验:物理分册,2021,57(7):1－5.
[2] 郭向云. 高比表面积碳化硅[M]. 北京:化学工业出版社,2020.

参 考 文 献

[1] 李刚. 现代材料测试方法[M]. 北京:冶金工业出版社,2013.
[2] ZHAO X X, YAN J, HUANG Y, et al. Magnetic porous CoNi@C derived from bamboo fiber combined with metal－organic－framework for enhanced electromagnetic wave absorption[J]. Journal of Colloid and Interface Science,2021,595:78－87.